貓的行為遺傳學，讓你更懂貓的心

# 原來貓咪的花色藏著性格悄悄話？

監修

京都大學CAMP-NYAN
京都大學野生動物研究中心 特任研究員
荒堀實

京都大學野生動物研究中心 教授
村山美穗

張智淵 —— 譯


猫は毛色と模様で性格がわかる？

# 序言

你喜歡哪一種貓咪呢？

許多貓咪飼主想必覺得，「自家的貓咪最可愛」；又或者，「只要是貓，通通都喜歡」的人，應該也不少。

畢竟，貓咪是種迷人的生物。

牠們在視覺上，像是長相、體格、毛的長度和顏色、花紋等皆不相同。

同樣地，牠們在性格上也各具特色。有的愛撒嬌、有的傲嬌、有的調皮、有的溫馴，各有各的可愛，深深吸引著我們。

當貓奴看到貓咪，肯定不只一、兩次心想：「牠身上的毛皮好美」、「牠的性格好乖巧！」

那麼，不妨與我們一同探尋其祕密吧！

京都大學 CAMP-NYAN（Companion Animal Mind Project）的荒堀實研究員，以及京都大學野生動物研究中心的村山美穗教授，針對貓咪進行多方面的研究，本書在他們的協助下，以「基因」為切入點，探究貓咪的毛色、性格和魅力。

學者們正在釐清毛色和花紋相關的貓咪基因。從身邊隨處可見的混種貓（米克斯），到有血統證書的純種貓，都能透過基因，解釋該貓咪身上為何呈現出那種毛色和花紋。

受到基因影響的不只是毛色。基因會對性格造成影響這點，也引發了話題。或許在決定毛色的基因中，也有對性格形成產生影響的基因。[※]實際上，全世界都在研究貓咪的性格和毛色的關係，CAMP-NYAN 也向飼主和獸醫進行問卷調查，經過統計，按照毛色分析性格的傾向。

此外，「環境」和基因一樣，會大幅影響貓咪的性格。不過，「環境」這種說法太過籠統，如果詳細調查飼養環境，存在數不清的變因；因此，要加入所有環境因素，進而猜中貓咪的性格，簡直難如登天。儘管如此，用心檢驗當下已釐清的部分，也能明白不少事實。

在第1章裡，首先會解說毛色改變的機制，以及對其造成影響的基因。第2章會按照花色分類，介紹能在戶外看到的混種貓。第3章則會提到人們熟知的純種貓。了解貓咪相關的基因知識，應該能讓我們從中獲得啟發，改善我們和貓咪的生活。

※ 目前在貓咪身上還沒找到性格相關的基因，無法肯定貓咪的性格必然和毛色有關。至於其他動物，雖然發現了和毛色相關的基因，但毛色和性格未必一致。

那麼，趕緊往下翻閱，進一步了解我們好像知道、但其實並不清楚的貓咪本質吧！

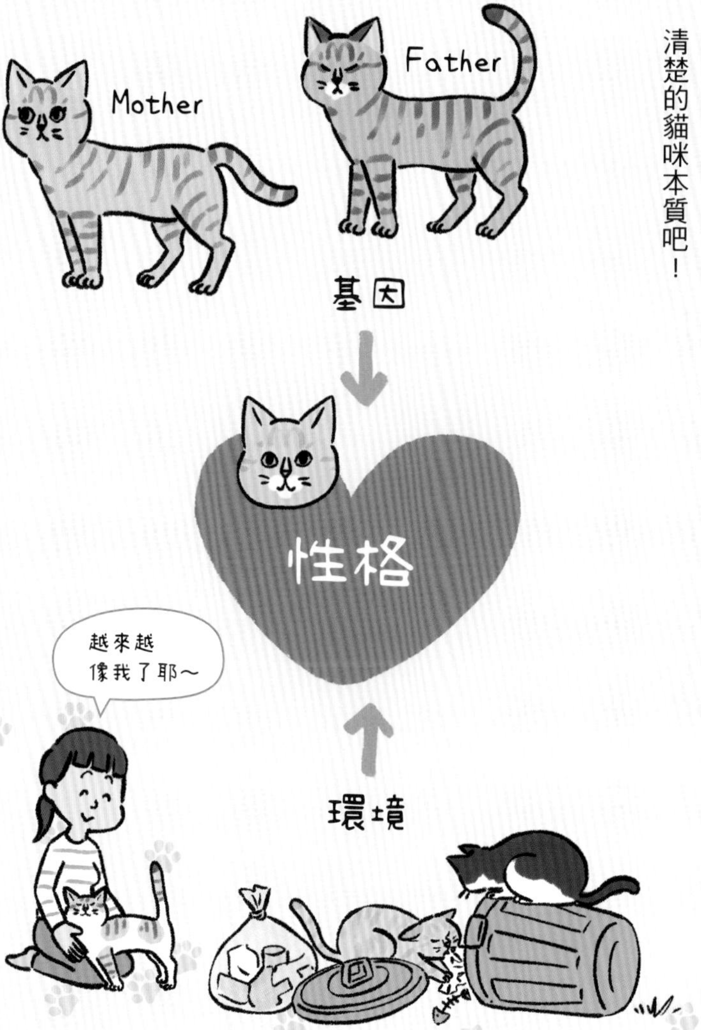
Father
Mother
基因
性格
越來越
像我了耶～
環境

從飼主的性格和性別、家裡的格局規畫和空間大小、家庭成員的組成、有無原住寵物，乃至於平常吃些什麼，在「環境」裡有數不清的變因。

# Part 3 純種貓

Part 1

# 貓咪毛色基因的基礎知識

貓咪具有各種花色。
如果知道毛色基因背後的知識，
就能解開為何變成那身毛皮的祕密。

# 毛色的祕密，只有基因才知道！

據說我們身邊貓咪（家貓）的祖先，是棲息於非洲和中東沙漠地帶的亞非野貓，如今常見的棕虎斑貓（P22），就忠實地繼承了其毛色和花紋。因為有條紋花色的褐色被毛，而有「棕虎斑」之稱。此外，如今還有許多有著特色花紋的貓咪。沒有哪兩隻貓的配色、花紋會一模一樣。另一方面，純種貓也各自擁有獨具特色的被毛。

所有的這些特徵，其實都取決於基因。

基因，是決定生物會長成哪種形貌的設計圖，會從父母一輩遺傳給孩子。父親和母親的基因組合有數不清的模式，也可能在出生的過程中和出生之後有所改變。正是有基因的組合變化，才產生出各式各樣的貓咪毛色。

# 基本的本體是 DNA

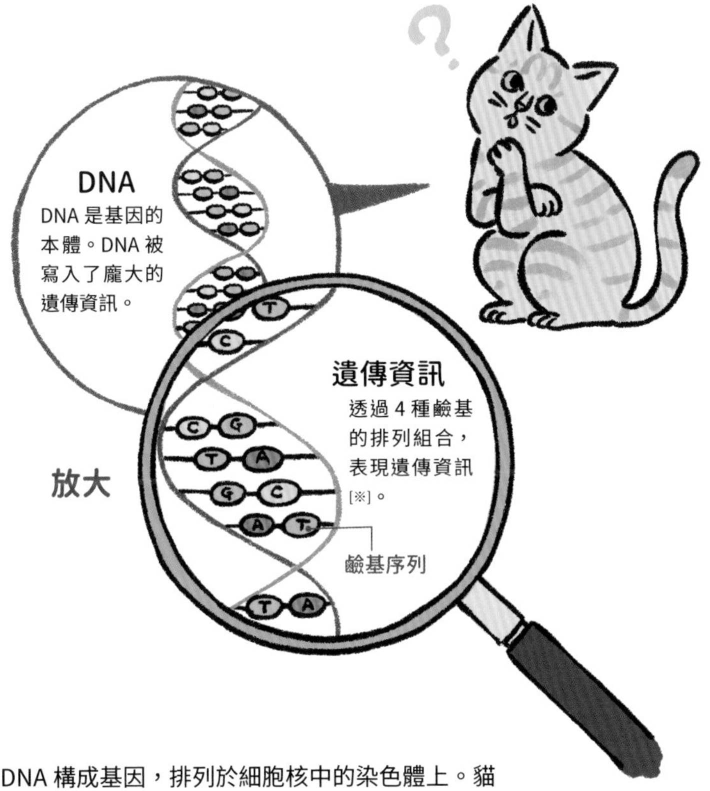
DNA
DNA 是基因的本體。DNA 被寫入了龐大的遺傳資訊。
遺傳資訊
透過 4 種鹼基的排列組合，表現遺傳資訊[※]。
放大
鹼基序列
T
C
C
G
T
A
G
C
A
T
T
A

DNA 構成基因，排列於細胞核中的染色體上。貓咪的染色體為 38 條。其中有約 20,000 個基因。

※ 動物和植物一樣具有 DNA，但由於遺傳資訊「鹼基序列」的排列方式不同，產生了物種差異和個體差異。

# 基因的組合，讓花色千變萬化

動物身上帶有許多各式各樣的基因。孩子會從其父母身上繼承他們各自的基因，形成兩兩一對的基因組合。有時候，即使繼承了某種毛色的基因，也可能不會表現出來。這是由於，基因分成「隱性」和「顯性」兩種。隱性基因需要兩兩成對才會顯現在特徵上，而顯性基因即使不成對也會顯現。過去在日文裡，隱性基因也被稱作劣勢基因，顯性基因則被稱為優勢基因。

此外，與動物被毛相關的基因中，有的負責決定毛色，有的負責決定長度、還有的負責決定直毛或捲毛，各類組合多到數不勝數。也因此，小貓的花色和貓爸爸、貓媽媽截然不同的情況，也是有可能的喔！

## 短毛的父母會生出長毛的孩子嗎？

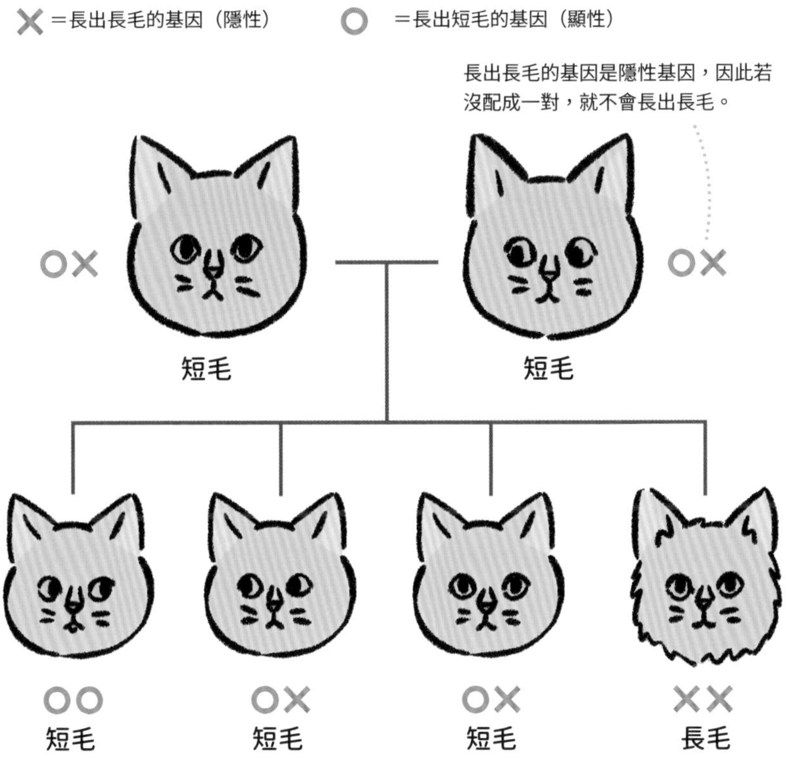
✕ ＝長出長毛的基因（隱性）
○ ＝長出短毛的基因（顯性）
長出長毛的基因是隱性基因，因此若沒配成一對，就不會長出長毛。
○✕
短毛
○✕
短毛
○○
短毛
○✕
短毛
○✕
短毛
✕✕
長毛

即使父母是短毛，如果各自擁有長毛基因，就有可能生出長毛的孩子。[※] 當父母隱藏的毛色基因如上圖所示時，長毛特徵就可能在孩子這一代顯現。

※ 嚴格來說，決定貓咪會是長毛或短毛的基因其實更加複雜，學者漸漸發現，它是由基因的 4 種鹼基綜合作用而決定。即使同樣是短毛，但基因的組成不同，也可能不會變成上述的遺傳模式。

## 決定毛色的兩種黑色素

貓咪的毛色五花八門，但有一個共通點，是所有貓咪都一樣的：在毛色呈現上，都取決於黑色素的混合搭配。

黑色素是決定毛色和膚色的色素。我們人類也有，生成的機制和貓咪幾乎一模一樣。黑色素可分為黑色系和褐色系兩種，會在專門的細胞（色素細胞，又稱黑色素細胞〔melanocyte〕）裡製造。黑色系的黑色素，稱為真黑色素（eumelanin）；褐色系的黑色素，稱為褐黑色素（pheomelanin）。黑色素在色素細胞中生成後，就會被送到形成皮膚和毛髮的細胞裡定居。

貓咪的毛色，會依據黑色素生成的環境，以及它被分配的過程，而有各式各樣的變化〔※1〕。

※1 若是黑色素的總量多且真黑色素的比例高，毛色就會偏黑色；若是褐黑色素的比例較高，毛色就會偏褐色。若是黑色素的總量少，毛色就會變淺。

## 黑色素有兩種

褐黑
色素
真黑
色素
像是開關一
樣切換，決
定製造哪一
種顏色。
製造真黑色素或褐
黑色素，依多種蛋
白質在體內如何運
作而改變。

## 爲何兩種色素
## 會產生出各式各樣的毛色？

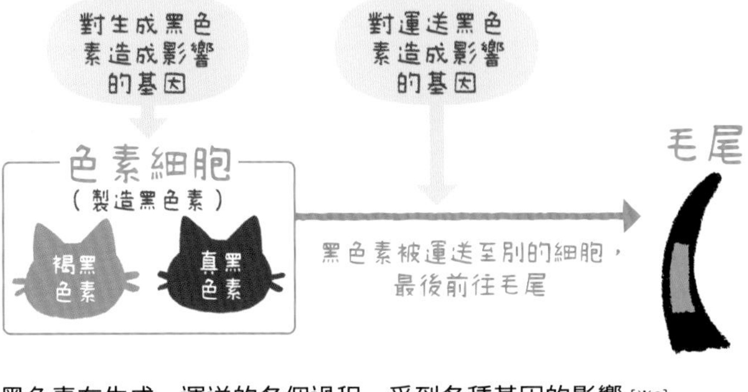
對生成黑色
素造成影響
的基因
對運送黑色
素造成影響
的基因
色素細胞
（製造黑色素）
褐黑
色素
真黑
色素
黑色素被運送至別的細胞，
最後前往毛尾
毛尾

黑色素在生成、運送的各個過程，受到各種基因的影響 [※2]。

※2 依據基因不同，可能只產生真黑色素或褐黑色素的其中一種，或者黑色素不會被正常運送至毛尾。

# 三種基本毛色，白毛、黑毛和褐毛

貓咪的毛色，會依據黑色素的多寡與組成，而有深淺的不同。但是基本上，就是由「白毛」、「黑毛」、「褐毛」三種顏色所構成。三種顏色複雜地混合，產生了多樣的花紋。

「白毛」和「黑毛」是單色，「褐毛」則每一根都濃淡有別，因此能形成所謂的橘虎斑花色。除此之外，單根毛上夾雜褐色和黑色的「條紋毛」，也會形成棕虎斑花色（P22）。

每隻貓咪，之所以會帶有如斑紋或雙色等獨特花色，正是因為牠們先天的毛色與其分布排列的方式不同，而產生了差異。

此外，像藍色（灰色）和銀色之類的毛色，情況也是如此，是淡化毛色的基因（P18）等，在黑貓身上引發了變化所致。

## 基本上是三色

| | 單色 | 混色 |
| --- | --- | --- |
| 單根毛 | <br>黑毛（黑色）　褐毛（褐色）　白毛（白色） | <br>條紋毛（虎斑色） |
| 全身 |  |  |

若全身都是黑毛，就是黑貓；都是褐毛，就是橘貓（橘虎斑貓）；都是白毛，就是白貓；都是條紋毛，就變成棕虎斑貓。當貓本身的毛色是深淺有別的褐毛，或帶有兩種顏色的條紋毛，此時又有會產生條紋的 T（斑紋）基因時，就會在全身形成虎斑花色。

## 毛色的分布形成了花紋

條紋（虎斑）的樣式取決於基因（P26）。棕虎斑貓的條紋，就是由黑色較多／褐色較多的兩種條紋毛相間形成。

花紋取決於每根毛的分布排列。如果有的地方長白毛，有的地方長黑毛，就會形成白黑相間的雙色斑紋。

# 對毛色造成影響的基因

## W（白）基因
### 產生白色

W（顯性）不會生成黑色素，即使擁有其他基因，也會變成白貓。隱性基因有 $w^s$ 和 $w^+$，若是 $w^sw^s$ 或 $w^sw^+$，身體的一部分就會變白，$w^+w^+$ 則不會出現白毛。

## O（橘）基因
### 產生褐色

若是擁有 O（顯性），就不會製造真黑色素，而使毛色變成褐毛。

## A（條紋）基因
### 毛產生條紋

若是 A（顯性）發揮作用，單根毛色就會變成黑、褐夾雜的條紋毛。若是擁有一對 a（隱性），就不會製造褐黑色素，使毛色變成黑毛。

學者們發現，有多種基因（即所謂的毛色相關基因），會對黑色素的生成、分配及運送造成影響，它們之間還有顯性和隱性之分（P12、P20）。

棕虎斑貓（P22）擁有和祖先（亞非野貓）相同的毛色，擁有顯性A（條紋）基因，會輪流製造真

※1 一般以英文字母大寫表示顯性基因，以小寫表示隱性基因。

黑

## B 基因

### 產生黑色

若是 B（顯性）會呈現黑色；若是 b（隱性）則會呈現各品種的特徵色，如巧克力色、肉桂色和深褐色等。

斑紋

## T 基因

### 決定條紋的花色

帶有條紋花色的貓咪都有。T 基因能決定三種條紋花色（P26）。

顏色

## C 基因

### 決定顏色的範圍

若是 C（顯性）則全身都有顏色（全身顏色）。此類的隱性基因能在暹羅貓等身上看見，只有身體的端部和尾巴的尾部有顏色（重點色）。

稀釋

## D 基因

### 決定毛色的濃淡

若是擁有一對 d（隱性），黑色素就會以異常形式被運至細胞，從而使毛色變淡。黑貓若是加上 dd，就會變成藍色（外觀上看起來是灰色）。

抑制

## I 基因

### 出現銀色

褐黑色素因 I（顯性）而不會累積，褐色部分會換成銀色。若是有條紋和螺旋紋的貓咪擁有 I（顯性），就會變成銀虎斑貓。

黑色素和褐黑色素，它們會均等地被運送到毛上，形成條紋毛。［※1．2］。然而帶有突變基因的貓咪，不會生成其中一種黑色素，又或者黑色素並未被運送到毛上，導致牠們的毛色與祖先們不同。

※2 祖先（亞非野貓）擁有的基因型（也就是在群體內出現頻率高的基因型），稱為「野生型」，棕虎斑貓擁有「野生型」的基因。從野生型突變而來的基因型，即是「變異型」。以 A 基因來看，野生型為 AA，變異型為 aa。

# 貓咪的毛色基因表

| 基因記號 | 對立基因 | | 備考 |
|---|---|---|---|
| | 顯性 | 隱性 | |
| 白<br>**W** | W<br>毛色變白 | $w^s$、$w^+$<br>部分的毛變白，或者不會出現白毛，而出現其他基因的顏色 | ・比其他的毛色基因優勢<br>・W- 時，全身變成純白；$w^sw^s$ 或 $w^sw^+$ 時，全身或身體的一部分變白；$w^+w^+$ 時，不會有白色<br>・若是 $w^sw^s$ 或 $w^sw^+$，身體白色部分的範圍，依個體而有不同 |
| 橘<br>**O** | O<br>只要帶有 O，就會形成褐毛 | o<br>變成條紋毛或黑毛 | ・比 W 劣勢，比 A、B、I 優勢<br>・變得無法製造真黑色素，單根毛色呈褐色<br>・位於 X 染色體上<br>・若是公貓，O 時形成褐毛；o 時形成條紋毛或黑毛<br>・若是母貓，OO 時形成褐毛；Oo 時會變成雙色貓；oo 時會形成條紋毛或黑毛<br>・Oo 的雙色貓加上 $w^sw^s$ 或 $w^sw^+$，就會變成三色貓<br>・根據 A 基因的情況，進一步決定會變成棕虎斑貓或黑貓<br>・若擁有 O，即使擁有顯性 I 基因，毛色也不會變成銀色 |
| 條紋<br>**A** | A<br>在單根毛上形成條紋 | a<br>無法形成條紋，變成黑毛色。 | ・AA 或 Aa 時，形成條紋毛；aa 時變成黑毛<br>・若僅帶有顯性 O 基因，則不會出現條紋毛或黑毛 |
| 黑<br>**B** | B<br>產生黑色（真黑色素） | b、$b^l$<br>黑色變淡，變成巧克力色或肉桂色 | ・隱性基因有 b 和 $b^l$ 這 2 種<br>・優先順序為 B>b>$b^l$<br>・B- 時，正常產生黑色<br>・bb 或 $bb^l$ 時，形成巧克力色的毛<br>・$b^lb^l$ 時，形成肉桂（紅）色 |
| 顏色<br>**C** | C<br>能夠形成一般顏色的毛 | $c^b$、$c^s$、$c^a$、c<br>只有身體的末端有顏色，變成暹羅貓或緬甸貓的花色，甚至變成白化症貓 | ・隱性基因有 $c^b$、$c^s$、$c^a$、c 這 4 種。$c^b$ 是緬甸貓，$c^s$ 是暹羅貓，$c^a$ 是藍眼的白化症貓，c 是紅眼的白化症貓<br>・緬甸貓的腳是深色，身體是淺色；暹羅貓的身體毛色比緬甸貓淺<br>・優先順序為 C>$c^s$、$c^bc^s$ > $c^a$ > c<br>・$c^b$ 和 $c^s$ 是不完全顯性，沒有確切的優劣之分 |
| 稀釋<br>**D** | D<br>毛色為正常深淺 | d<br>毛色看起來很淡 | ・DD、Dd 時，毛色為正常的深淺<br>・dd 時，毛色變淡<br>・dd 時，運送色素等相關的蛋白質「黑素體（melanosome）」不會正常發揮作用，黑色素不會均勻地被運送至毛上，結果使毛色看起來很淡 |
| 虎斑<br>**T**<br>（阿比西尼亞貓型） | $Ti^A$<br>全身形成阿比西尼亞貓花紋 | $Ti^+$<br>$Ti^A$ $Ti^+$ 的情況下，全身是阿比西尼亞貓花紋，尾巴和腳尖出現條紋。$Ti^+$ $Ti^+$ 情況下，則會出現條紋 / 螺旋紋 | ・T 基因有兩種，決定全身的斑紋花色<br>・一種稱為阿比西尼亞貓型，另一種稱為直條紋 / 螺旋紋型<br>・優先順序為 $Ti^A$ > $Ti^+$>$T^m$>$t^b$<br>・$Ti^A$ $Ti^A$ 時，形成阿比西尼亞貓花紋；$Ti^A$ $Ti^+$ 時，可能全身為阿比西尼亞貓花紋，僅尾巴和腳有直條紋，軀幹隱隱出現直條紋（因 $Ti^A$ 為半顯性）<br>・$Ti^+$ $Ti^+$時，如果是 $T^m$ $T^m$ 或 $T^m$ $t^b$，就會變成直條紋（鯖魚虎斑）；如果是 $t^bt^b$，變成螺旋紋（寬紋虎斑）<br>・除了這兩種基因之外，再加上一種以上的基因，推測條紋花色會變成斑點（斑點虎斑） |
| 虎斑<br>**T**<br>（條紋 / 螺旋紋型） | $T^m$<br>即使只擁有 1 個 $T^m$，也會形成直條紋 | $t^b$<br>若是擁有一對 $t^b$，就會變成螺旋紋 | |
| 抑制<br>**I** | I<br>阻礙褐黑色素累積，毛色變成銀色或煙色 | i<br>正常累積褐黑色素 | ・I 基因會對成長中的毛髮限制供給色素量，妨礙毛色形成<br>・黑毛（aa）本就不具有褐黑色素，因此被視為不受 I 基因的影響<br>・O 基因（顯性）較為優勢，因此橘虎斑貓不會受到 I 基因的影響<br>・ii 會正常製造褐黑色素，不會對毛色造成影響 |

# Part 2

# 日本的混種貓

## （米克斯）

在日本，飼養隻數最多的就是混種貓。
花色和性格都五花八門，
歡迎進入迷人的米克斯世界！

棕虎斑貓

橘虎斑貓

銀虎斑貓

黑貓

白貓

三花貓

雙色貓

# 棕虎斑貓

黑褐色的基底上，
有著黑色的條紋

高度保留貓咪祖先本色的貓咪。
除了毛色之外，
「野性」也顯現於性格中。

**尾巴**

條紋的尾巴為深色。這是條紋的貓咪共通的特徵。短鉤子尾（譯註：「麒麟尾」在日本稱為「鉤子尾」，因為彎曲的形狀會幫人們「勾住幸福」。）的貓咪，尾巴（或整體）為黑色或黑褐色。

**嘴巴周邊**

只有嘴巴周邊容易生長偏白色的毛。鬍鬚也大多是白色，有時候是白色和黑色混合。

**身體**

黑褐色基底，黑色的條紋花色。因為黑色素多，所以毛為黑褐色。條紋的粗細和出現方式意外地有個體差異，有的貓咪看起來偏褐色，有的貓咪看起來偏黑色。

| | | |
|---|---|---|
| 活動性（精力旺盛程度） | | ★★★★★ |
| 親人性（喜歡飼主程度） | | ★★★★☆ |
| 攻擊性（凶悍程度） | | ★★★★☆ |
| 社交性 | （其他貓咪） | ★★★☆☆ |
| | （陌生人） | ★☆☆☆☆ |

＊此表基於 CAMP-NYAN 的調查結果和其他資料，綜合評估。

**額頭的M字**

條紋（斑紋）的貓咪身上常見的特徵，額頭有像是英文字母 M 的條紋。

**埃及豔后眼線**

從眼尾到頭側邊有黑色線條，也是條紋貓的特徵。給人一種精神抖擻的感覺。

**眼線**

眼睛周圍有鮮明的黑色眼線。有的貓咪只有下方偏粗，情況各不相同。

**眼睛**

深受黑色素影響的貓咪，眼睛大多是金色或黃色系，也有的貓咪是綠色。

**鼻子**

黑色素也決定肌膚（鼻子）的顏色。雖有深淺不同，但基本上是褐色。若色素偏淡，就會變成偏粉紅色。經常也有黑色和深棕色的眼眶。

**肉墊**

大多是黑色或黑褐色。這也是受到黑色素的影響。肉墊經常和鼻子的顏色同色系。

**毛色基因**

| | | |
|---|---|---|
| 單根毛色 | 條紋毛 | |
| 毛色相關基因 | $w^+w^+$ | 不影響被毛 |
| | oo (o) | 不會變成褐色 |
| | A- | 條紋毛 |
| | B- | 正常產生黑色 |
| | C- | 全身有顏色 |
| | D- | 深的毛色 |
| | $Ti^+Ti^+$ 且 $T^m$- | 條紋花色 |
| | ii | 不影響被毛 |

＊表示棕虎斑貓的毛色相關基因（W、O、A、B、C、D、T、I 基因）的基因型。
如同 A，以 - 表示的地方，代表顯性或隱性皆可。括號內為母貓。
＊隨著研究成果的每日進展，可能有所變更。

歷史

## 日本最多的毛色

棕虎斑貓在日文中稱為「キジトラ」或「キジ猫」，因為擁有如雉雞（きじ）母鳥般的棕褐毛色，因此得名[※1]；在英文裡，稱作 brown（或 black）mackerel tabby[※2]，是以虎斑條紋為特徵的貓。這種花紋不見於純種貓，幾乎100%都是米克斯。據說棕虎斑是棲息在日本的貓咪中占比最高的花色，可說是我們身邊最常見的。如果再加上以各種比例混合白色的帶白棕虎斑和跳色棕虎斑（P31），那數量應該相當可觀。

被毛

## 極度接近家貓祖先的貓咪

棕虎斑貓的特徵是黑色和褐色的條紋花色，看起來野性十足。這也難怪，因為牠的毛色儼然和被視為家貓祖先的亞非野貓相同。

因此，棕虎斑貓擁有的毛色基因組合被稱為「野生型」，是尚未進行各種變異的基因型。除了在祖先居住的沙漠地帶外，棕虎斑的花紋在市區裡也很能融入街景。這種花紋源自A（條紋）基因和T（斑紋）基因（P18）。

由於A基因為顯性，棕虎斑貓的單

※1 有些地方稱為「ヨモギ猫」或「ヨモギ」（「艾草」之意）。
※2 mackerel 是鯖魚的意思。因為擁有像是鯖魚的直條紋。

## 棕虎斑貓的花紋和亞非野貓相同

**亞非野貓**

有著能融入景色的毛色，不易被外敵或獵物發現。

**棕虎斑貓**

棕虎斑貓的毛色遺傳自家貓的祖先。

人類開始生產穀物之後，亞非野貓跑來捕捉盯上穀物的老鼠，不久之後便開始和人類一起生活。

## 決定棕虎斑花紋的條紋基因和斑紋基因

在單根毛色上產生條紋的基因。

決定身體斑紋花色的基因。

單根毛色因A基因出現黑褐兩色，形成條紋毛。T基因會改變條紋毛中黑褐兩色的比例（長度），形成「條紋」。

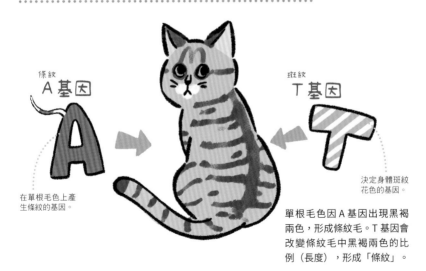

根毛色會形成夾雜黑色和褐色的條紋毛（P17）。

決定全身的條紋花色的T（斑紋）基因，有條紋/螺旋紋型和阿比西尼亞貓型〔※1〕。兩者互相影響，因此一併作為「T基因」說明。棕虎斑貓的條紋、美國短毛貓（P74）的螺旋花色，以及阿比西尼亞貓（P134）具有特徵的勾狀斑紋，都是T基因的組合所致。

性格

## 祖先的野性尚存？

棕虎斑貓遺傳了祖先（亞非野貓）的毛

## T 基因的組合

| | T基因的組合 | | 花紋 |
|---|---|---|---|
| | 條紋 / 螺旋紋型 | 阿比西尼亞貓型 | |
| ① | $T^m-$ | $Ti^+$ $Ti^+$ | 變成條紋（鯖魚虎斑） |
| ② | $t^b$ $t^b$ | $Ti^+$ $Ti^+$ | 變成螺旋紋（寬紋虎斑） |
| ③ | $T^m-$ 或 $t^b$ $t^b$ | $Ti^A$ $Ti^A$ | 阿比西尼亞貓花紋（勾狀斑紋，P138） |
| ④ | $T^m-$ 或 $t^b$ $t^b$ | $Ti^A$ $Ti^+$ | 全身為阿比西尼亞貓花紋，<br>腳和尾巴略有條紋 |

條紋 / 螺旋紋型有 $T^m$（顯性）和 $t^b$（隱性）這兩種；阿比西尼亞貓花紋有 $Ti^A$（顯性）和 $Ti^+$（隱性）這兩種。這四種組合決定全身的花色。阿比西尼亞貓花紋在基因上較占優勢。在上表中，優勢順序為 3、4、1、2。

※1 阿比西尼亞貓是一種純種貓（P134）。

色和花紋，所以真的很有野性嗎？

根據CAMP-NYAN的調查［※2］，其性格上的所有要素，都落在整體的平均值，感覺並不是極端具有野性。

另一方面，也有別的研究發現，棕虎斑貓身上的條紋花樣（黑褐相間），和貓咪的攻擊性高低有關，有活動性和攻擊性高的傾向。聽說有的孩子頗具野性，遲遲不肯對人敞開心扉，這種性格不排除是源自這些基因。

雖說棕虎斑貓性格如此，然而一旦成為家貓，好像許多都會變成撒嬌鬼。或許正是因為如此，不少人和棕虎斑貓一起生活過後，下一隻貓還是想養棕虎斑。

## 黏飼主、怕外人的反差萌

愛對飼主撒嬌
許多貓咪一旦成為家貓，
就會變成黏人精。
害怕客人
也有貓咪光是聽到門鈴響就躲起來。

警戒心強，因此除家人之外，不會輕易接近外人；
相對地，可能黏飼主黏到令人傷腦筋的地步。

※2 對飼主進行詳細問卷調查，將貓分成棕虎斑貓、帶白棕虎斑貓、橘虎斑貓、帶白橘虎斑貓、銀虎斑貓、白貓、黑貓，白黑雙色貓、三花貓等，並針對活動性、社會性等貓的六種具代表性的性格面向，加以量化。本書參考的僅是初步調查成果，尚未進行進一步的科學化檢驗。

## 飼養多隻要慎重，耐心陪伴，直到貓咪敞開心扉

棕虎斑貓精力充沛，必須按照其運動能力，調整其飼養環境。一般而言，據說這類貓咪，比起空間大小，更要求高度，因此讓貓咪在貓塔上下運動也很有效。此外，牠們是天生的狩獵者，最好也能準備逗貓棒和球等玩具。

棕虎斑的體型可以長得很壯碩，特別是公貓，據說大多都是愛吃鬼。不過，牠們調皮又好動，如果維持適當的運動量，應該就能避免肥胖。

棕虎斑貓大多身體強健，壽命也長，如果飼主注意環境，牠們就能長久成為家庭的一分子。

野性強，意謂著地盤意識也強。飼養多隻時，必須特別注意。要放慢步調，慎重地讓原住貓咪和新來貓咪見面。如果牠們能相處融洽，甚至能發展出不容飼主介入的親密關係。

這跟牠們面對人的態度一樣。從動物收容所領養的棕虎斑，也可能遲遲不親近飼主。不過，如果你耐心陪伴，貓咪遲早會敞開心扉，變成黏ＴＴ的家貓。

棕虎斑貓是野性十足的撒嬌鬼，對於貓奴而言，想必深具魅力。

## 棕虎斑貓喜歡的環境

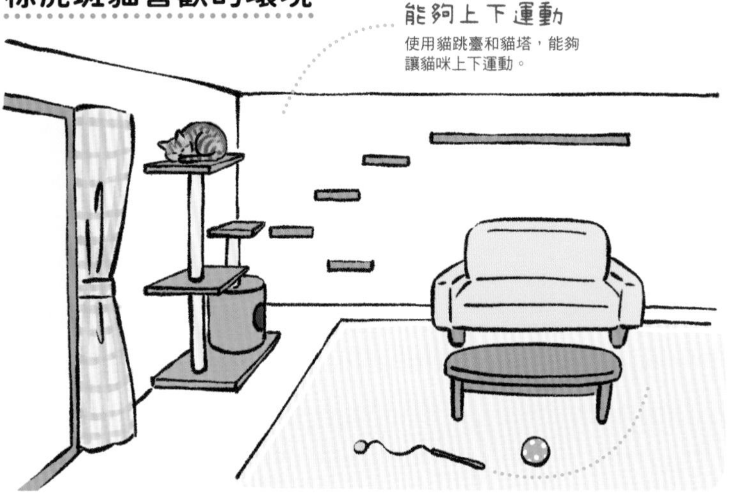
能夠上下運動
使用貓跳臺和貓塔，能夠讓貓咪上下運動。

比起支柱式貓塔，更建議固定式貓塔。它的構造堅固，所以貓咪活潑地遊玩也不會搖晃，更有安全感。

## 飼養多隻的注意事項

一開始很重要
隔著籠子，慎重地讓原住貓咪和新來貓咪見面。
距離感
將籠子放在距離原住貓咪遠的地方，等待牠主動接近。

隔著籠子見面之前，讓新來貓咪在別的房間度過幾天；或者在見面時，以布覆蓋新來貓咪的籠子，見面要一步一步來。

# 棕虎斑貓家族！

夾雜白色的棕虎斑被稱爲帶白棕虎斑、跳色棕虎斑等，在米克斯界深受歡迎。白色的比例各不相同，獨具特色，其花色是基因和細胞分裂時的細微差異所致。

棕虎斑貓
FAMILY
棕虎斑＋白色


## 棕虎斑＋白色

白底加上棕虎斑的條紋花色。和棕虎斑貓一樣活潑愛玩。白毛和性格的關係之謎仍待釐清，但有更愛撒嬌的傾向。

**毛色基因**

| | | |
|---|---|---|
| 單根毛色 | 條紋毛、白毛 | |
| 毛色相關基因 | $w^sw^s$、$w^sw^+$ | 夾雜白毛 |
| | oo (o) | 不會變成褐色 |
| | A- | 擁有條紋毛 |
| | B- | 正常產生黑色 |
| | C- | 全身有顏色 |
| | D- | 深的毛色 |
| | $Ti^+Ti^+$ 且 $T^m$- | 條紋花色 |
| | ii | 不影響被毛 |

帶白棕虎斑貓中，有的孩子眼睛呈藍色。
有色部分彷彿淋上醬汁一般，從上而下形成顏色。許多貓咪的臉部、背部和尾巴，都有棕虎斑的花色。
棕虎斑＋白色①
帶白棕虎斑貓

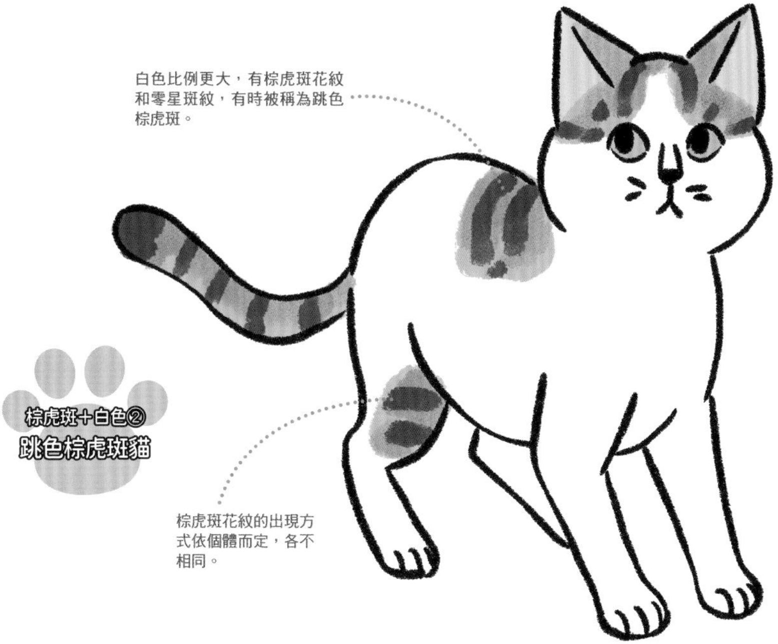
白色比例更大，有棕虎斑花紋和零星斑紋，有時被稱為跳色棕虎斑。
棕虎斑＋白色②
跳色棕虎斑貓
棕虎斑花紋的出現方式依個體而定，各不相同。

帶有與底色不同之斑紋的貓咪，也被稱斑紋貓。
最近的研究釐清，這種白源自能使全身變白的一種W基因（P58）。

# 橘虎斑貓

深淺不一的褐色
形成了條紋

據說橘虎斑貓有八成是公貓，像男孩一樣「調皮」又「愛撒嬌」，是親人討喜的貓咪。

**尾巴** 尾端的色素較淡，變成偏白色。

**臉部** 許多都有著橘虎斑特有的大餅臉。

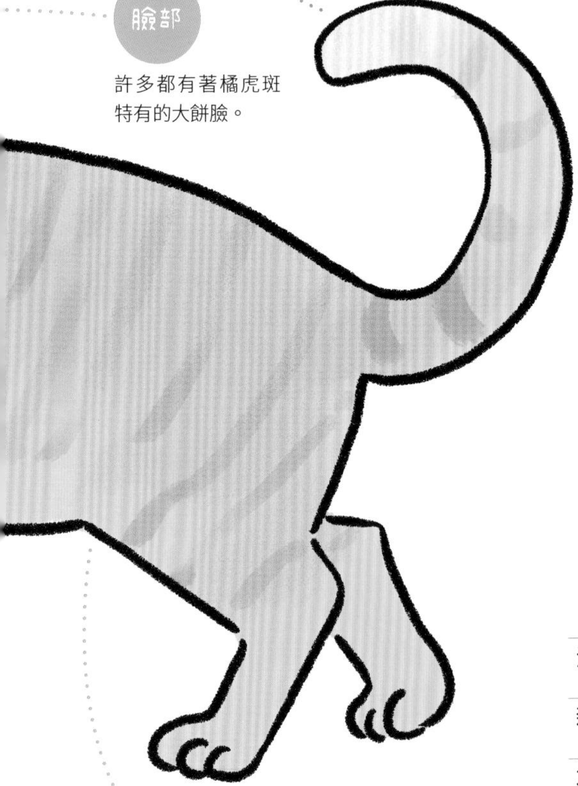

**身體** 單根毛色為褐色。深褐色的毛和淡褐色的毛相間，形成了條紋。大多數為公貓，骨骼較粗壯，許多都體型壯碩。

| | | |
|---|---|---|
| 活動性（精力旺盛程度） | | ★★★☆☆ |
| 親人性（喜歡飼主程度） | | ★★★★★ |
| 攻擊性（凶悍程度） | | ★★★☆☆ |
| 社交性 | （其他貓咪） | ★★★★★ |
| | （陌生人） | ★★★★★ |

**額頭的M字** 具有特徵的 M 字條紋十分清晰。

**埃及豔后眼線** 從眼尾到頭側邊有清楚的線條。

**眼睛** 擁有金色或銅色的眼睛。

**鼻子** 沒有黑色素，因此是淡褐色（橘色）、粉紅色。但偶爾也會有黑色斑點。

**嘴巴周邊** 只有嘴巴周邊容易長偏白色的毛。鬍鬚也是沒有黑色素的白色。

**毛色基因**

| | | |
|---|---|---|
| 單根毛色 | 褐毛 | |
| 毛色相關基因 | $w^+w^+$ | 不影響被毛 |
| | OO (O) | 變成褐毛 |
| | A 基因 | 任何組合的作用都會受到抑制 |
| | B 基因 | 任何組合的作用都會受到抑制 |
| | C- | 全身有顏色 |
| | D- | 深的毛色 |
| | $Ti^+Ti^+$ 且 $T^m$- | 條紋花色 |
| | I 基因 | 任何組合的作用都會受到抑制 |

基因上不會製造黑色素，因此變成粉紅色。

歷史

**江戶時代之後來到日本**

橘虎斑貓自江戶時代開始見於繪畫中。因此，一般認為牠是在近代才來到日本。

被毛為褐色（橘色）的條紋花色，在英文裡叫作 red mackerel tabby［※1］，因其毛色又被稱為 marmalade cat（橘子醬貓）或 ginger cat（生薑貓）。

被毛

**褐色的毛源自性聯遺傳**

O（橘）基因（P18）會產生褐色或橘

## 從棕虎斑貓突變而來

棕虎斑貓
擁有真黑色素和褐黑色素這兩種黑色素。
橘虎斑貓
沒有真黑色素，只有褐黑色素。

棕虎斑貓擁有野生型的 O 基因（oo 或 o），單根毛夾雜褐色和黑色的條紋毛。相對地，橘虎斑貓擁有變異型的 O 基因（O- 或 O），因此毛變成了褐色，不會產生黑色。

※1 mackerel 是鯖魚，tabby 是條紋；意指其花紋如鯖魚身上的條紋一般。

色的毛色，基因型上屬於「變異型」。若是帶有這種顯性基因O，就不會像棕虎斑那樣，產生形成黑毛的真黑色素［※2］，單根毛色變成褐色。這就是橘虎斑貓。

而另一項特徵是，絕大多數的橘虎斑貓是公貓。這也是基因所造成。O基因中，擁有O（顯性）、沒有o（隱性），是成為橘虎斑貓的條件。O基因位於性染色體上［※3］，因此相較於只有一個X染色體的公貓（XY），擁有兩個的母貓（XX）變成其他毛色的機率較高（也就是說，若雙方的X基因裡沒有O，就不會成為橘虎斑貓）。橘虎斑貓之所以大多體型壯碩、給人愛吃的強烈印象，應該都是因為大多為公貓。

## 大多是公貓的原因

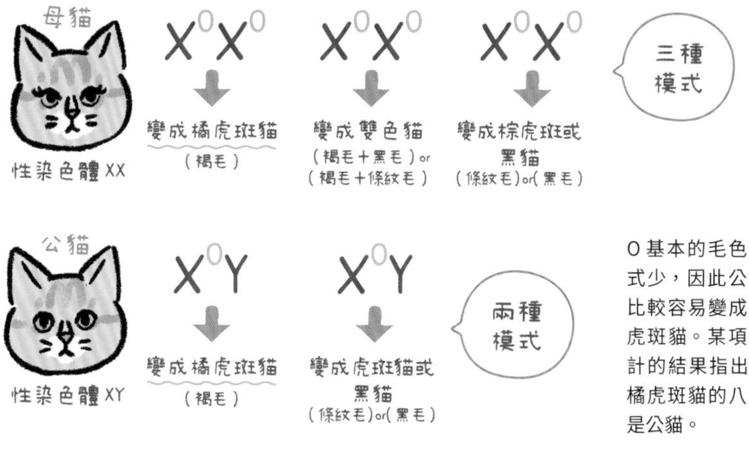
母貓
性染色體XX
變成橘虎斑貓
（褐毛）
變成雙色貓
（褐毛＋黑毛）or
（褐毛＋條紋毛）
變成棕虎斑或
黑貓
（條紋毛）or（黑毛）
三種
模式
公貓
性染色體XY
變成橘虎斑貓
（褐毛）
變成虎斑貓或
黑貓
（條紋毛）or（黑毛）
兩種
模式

O基本的毛色模式少，因此公貓比較容易變成橘虎斑貓。某項統計的結果指出，橘虎斑貓的八成是公貓。

※2 即使擁有顯性的A（條紋）基因，該A基因的作用也會受到抑制，無法製造真黑色素。（O基因比A基因占優勢）
※3 位於性染色體上的基因產生的作用，稱為性聯遺傳。

## 愛撒嬌又調皮，標準的男孩子！

橘虎斑貓的飼主針對愛貓，幾乎異口同聲地說牠們是「撒嬌鬼」、「愛吃鬼」、「傻大個」，有時是「調皮鬼」。也就是說，橘虎斑貓就是男孩子的樣子。儘管有個體差異，但牠們就是親人又討喜。

根據研究，擁有橘色毛色的貓咪身上，能看到明顯的攻擊性。但相對地，也有研究結果指出橘虎斑貓相當友善。CAMP-NYAN 的調查也指出，在所有毛色（P 27）之中，橘虎斑貓的性格非常明確，攻擊性和親人性最高，排名第一；活動性和社交性也很高，排名第二。

想想你家附近的浪貓勢力分布，當地的貓老大，大多是壯碩的橘虎斑吧。強大而有人望（貓望？）的形象，或許很多橘虎斑都是這般模樣。

食慾旺盛的橘虎斑貓，最需注意的就是肥胖。給予適量的優質食物很重要，最好也要記得準備玩具之類的東西，給牠們玩耍，消耗卡路里。

此外，愛撒嬌這點，其實也反映出牠們怕寂寞。為了避免累積壓力，要縮短讓牠們獨自看家的時間。最好能營造隨時有人在家的環境。牠們能夠和孩子及其他貓咪當好朋友，也是適合大家庭的貓咪。

## 凶悍和黏人是一體兩面

宛如貓老大的性格
橘虎斑貓容易激動，但是也相當熱情。
地盤
公貓比母貓擁有更大的勢力範圍，地盤意識強。

貓群大多是由母貓和小貓所構成，但是公貓一到繁殖期，就會為了交尾而在貓群中走動。身體越強大的公貓，勢力範圍越大。

## 注意肥胖

體質
容易變胖，記得給予優質的食物和運動。
腰部
從上方看是輕易確認肥胖的方法。如果沒有腰身，就要注意了。
CAT

摸摸牠的胸口，假如皮下脂肪太多，摸不到肋骨，就有可能是肥胖。

# 橘虎斑貓家族！

橘虎斑貓家族和其他米克斯一樣，依白色的比例不同而有不同名稱。然而，所有類型都有著調皮又愛撒嬌的傾向，擁有十足十的橘虎斑貓性格。

橘虎斑貓
FAMILY
・褐色＋白色
・奶油色

## 褐色＋白色

橘虎斑部分較多的叫「帶白橘虎斑貓」，白色部分較多的叫「白底橘虎斑貓」；若是橘虎斑的花色零星出現，則大多被稱為「跳色帶白橘虎斑貓」。以上幾種都相當常見。

**毛色基因**

| | | |
|---|---|---|
| 單根毛色 | 褐毛、白毛 | |
| 毛色相關基因 | $w^sw^s$、$w^sw^+$ | 夾雜白毛 |
| | OO (O) | 變成褐色 |
| | A 基因 | 任何組合的作用都會受到抑制 |
| | B 基因 | 任何組合的作用都會受到抑制 |
| | C- | 全身有顏色 |
| | D- | 深的毛色 |
| | $Ti^+Ti^+$ 且 $T^m$- | 條紋花色 |
| | I 基因 | 任何組合的作用都會受到抑制 |

### 褐色＋白色①
### 帶白橘虎斑貓和白底橘虎斑貓

性格之類的和一般橘虎斑一樣。

日本的混種貓（米克斯）——橘虎斑貓

褐色+白色②
跳色帶白橘虎斑貓

白毛是 W 基因（P58）的作用。

白底配橘虎斑的斑紋。頭部、耳朵和背部經常出現橘虎斑貓花色。

「斑紋」呈斑點狀。

# 奶油貓

橘虎斑家族包含橘虎斑貓、帶白橘虎斑貓、白底橘虎斑貓、跳色帶白橘虎斑貓。其中橘虎斑花紋處色素較淡的貓咪，被稱為奶油貓。

**毛色基因**

| 單根毛色 | 淡褐毛、白毛 | |
|---|---|---|
| 毛色相關基因 | $w^Sw^S$、$w^Sw^+$ | 夾雜白毛 |
| | OO (O) | 變成褐色 |
| | A 基因 | 任何組合的作用都會受到抑制 |
| | B 基因 | 任何組合的作用都會受到抑制 |
| | C- | 全身有顏色 |
| | dd | 顏色看起來很淡（很淺） |
| | $Ti^+Ti^+$ 且 $T^m$- | 條紋花色 |
| | I 基因 | 任何組合的作用都會受到抑制 |

淡色是 D（稀釋）基因呈隱性所致。其表現在褐毛上，就會變成像卡士達奶油那般偏黃的顏色。

# 銀虎斑貓

銀色基底，
搭配黑色條紋

銀虎斑貓是第二次世界大戰之後，和西方貓混種而誕生，在日本很少機會看到。據說性格有點「家中小霸王」。

**尾巴** 唯獨尾端是黑色。

**身體** 銀色底配上黑色條紋。從基因觀點來看，產生這樣的銀色很罕見。

| | | |
|---|---|---|
| 活動性<br>（精力旺盛程度） | | ★★★★★ |
| 親人性<br>（喜歡飼主程度） | | ★★★★★ |
| 攻擊性<br>（凶悍程度） | | ★★☆☆☆ |
| 社交性 | （其他貓咪） | ★★★☆☆ |
| | （陌生人） | ★☆☆☆☆ |

額頭的M字

虎斑貓額頭慣有的M字，但是很淡，有點看不清楚?!

埃及豔后眼線

和額頭的M字一樣，條紋的顏色淡得看不清楚。

眼睛

擁有金色、綠色的眼睛。

鼻子

褐色至深褐色。

| 毛色基因 | | |
|---|---|---|
| 單根毛色 | 條紋的銀毛 | |
| 毛色相關基因 | $w^+w^+$ | 不影響被毛 |
| | oo (o) | 不會變成褐色 |
| | A- | 雖是條紋毛，但因I基因影響，褐色不會累積 |
| | B- | 正常產生黑色 |
| | C- | 全身有顏色 |
| | D- | 深的毛色 |
| | $Ti^+Ti^+$ 且 $Tm^-$ | 條紋花色 |
| | I- | 將毛色變成銀色 |

肉墊

褐色至深褐色。一樣受到黑色素的影響。

歷史

## 戰後誕生的新米克斯貓

銀虎斑貓有著美麗的銀色底毛以及黑色條紋，在日文中稱為「サバトラ」，得名自其十分類似鯖魚（サバ）的花色。

儘管銀虎斑貓大受歡迎，但牠們在日本的數量其實不多。話說回來，據說日本也是在第二次世界大戰後，才開始出現銀虎斑貓。主流說法是，棕虎斑貓等條紋貓於戰後和來自國外的西方貓混種，從而誕生出現在的銀虎斑貓。

這麼說來，牠們和美國短毛貓（P74）似乎很像呢……[※]。

## 西方貓和日本貓的混種

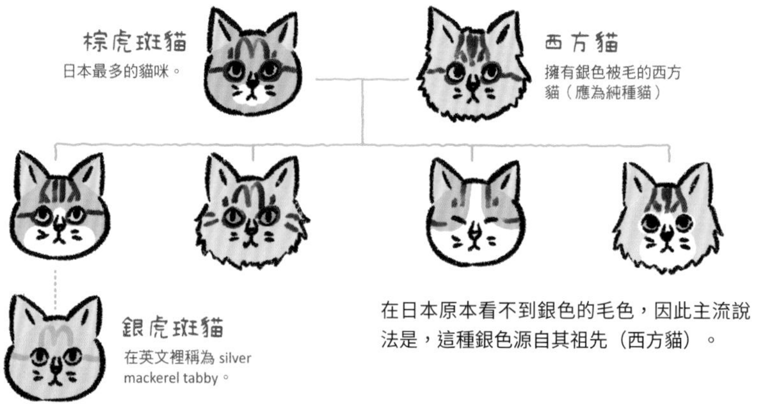
棕虎斑貓
日本最多的貓咪。
西方貓
擁有銀色被毛的西方貓（應為純種貓）
銀虎斑貓
在英文裡稱為 silver mackerel tabby。

在日本原本看不到銀色的毛色，因此主流說法是，這種銀色源自其祖先（西方貓）。

※ 和美國短毛貓的一般性差異在於「條紋」。美國短毛貓是螺旋紋（寬紋虎斑），銀虎斑貓是直條紋（鯖魚虎斑）。

被毛

## 其他的條紋花色在基因上較占優勢

之所以銀虎斑貓的數量較少，還有另一個原因。因為使毛色變成銀色的I（抑制）基因，相比其他基因來得劣勢。

舉例來說，I基因就比O基因劣勢。即使擁有I基因，但在同時擁有讓毛變成褐色的O（橘）基因（顯性O）和I基因（顯性I）的情況下，因為O基因會優先顯現（在基因上占優勢），所以貓咪的花色就會呈現橘虎斑，而不會變成銀虎斑。也就是說，有著銀色被毛的銀虎斑貓，可說是相對少見的貓咪。

### 銀色不易顯現

優勢
優先程度
劣勢
O基因
I基因
橘虎斑貓
公貓為O，母貓為O-時，I基因的作用會受到抑制。
銀虎斑貓
公貓擁有o和I-，母貓擁有oo和I-。

若是擁有O基因的顯性O，銀虎斑貓的I基因就不會表現在毛色上。唯有隱性o發揮作用時，I基因的顯性I才得以發揮，進而妨礙褐黑色素累積，使毛色變成銀色。

## 演化的結果，讓牠們黏飼主、怕外人?!

警戒心強卻又友善親人，像這樣的兩極性格，也是銀虎斑貓的有趣之處。銀色的毛色在野生環境中相對顯眼，也難怪牠們會比較神經質且警戒心強；然而為了受人庇護，又演化出親人、開朗的特質。

總體而言，儘管牠們身上殘留著野性，要想變得親人需要一段時間；但當牠們習慣你的存在之後，就會變成嬌滴滴的撒嬌鬼。這種類型的好像很多。

作為帶有野性的貓，銀虎斑自然活動力旺盛。由於銀虎斑貓數量較少，所以在CAMP-NYAN 的調查中，無法收集到太多數據，但相較於其他毛色的貓咪，顯得更加愛玩且不會太神經質，對飼主的黏人程度排名倒數第一。為此，不妨替牠們準備能上下運動、單獨玩耍的貓塔等設施。

此外，也聽說有的銀虎斑貓食量很大，所以為了牠們的健康著想，別忘記要管理進食量。

當然，性格方面還是因貓而異，但在害怕客人這部分，好像是銀虎斑貓的共通點。牠們確實相當黏飼主怕外人，更適合客人較少、能和自己家人悠閒度日的家庭。

## 毛色不構成保護色，因此警戒心強

非保護色
其銀色的毛色在
自然界中可說相
當顯眼。

有種說法是，銀虎斑貓之所以親人，是因為遺傳了祖先（西方貓）對人的的高度社交性。

## 適合銀虎斑貓的室內環境

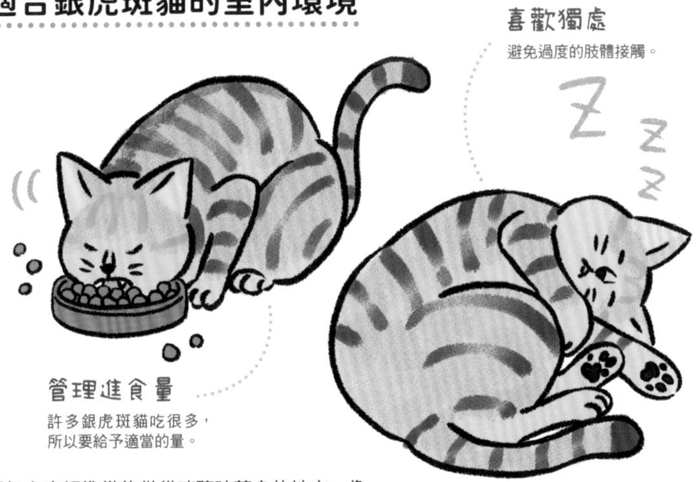
喜歡獨處
避免過度的肢體接觸。
Z
Z
Z
管理進食量
許多銀虎斑貓吃很多，
所以要給予適當的量。

最好在家裡準備能供貓咪隨時藏身的地方，像是貓窩和瓦楞紙箱等。

# 銀虎斑貓家族！

日本幾乎沒有全身銀虎斑花紋的貓咪。基本上多少都夾雜著白色。爲數不多的銀虎斑貓平常難得一見。如果能夠看見牠們，是否會感到有點幸福呢?!

## 銀虎斑＋白色

大多數的銀虎斑貓都是身上某處帶有白毛。其中，白色部分和銀虎斑花紋部分之間，顯得相當分明的，稱為帶白銀虎斑貓。

**毛色基因**

| | | |
|---|---|---|
| 單根毛色 | 條紋的銀毛、白毛 | |
| 毛色相關基因 | $w^sw^s$、$w^sw^+$ | 夾雜白毛 |
| | oo (o) | 不會變成褐色 |
| | A- | 雖是條紋毛，但因I基因影響，褐色不會累積 |
| | B- | 正常產生黑色 |
| | C- | 全身有顏色 |
| | D- | 深的毛色 |
| | $Ti^+$+$Ti^+$ 且 $T^m$- | 條紋花色 |
| | I- | 將毛色變成銀色 |

### 銀虎斑＋白色①
### 銀虎斑＋白色

和其他米克斯一樣，白毛分布的地方因貓而異。銀虎斑花紋像是從上方淋下的醬汁一般，顯現在頭部和背部。

據說白色部分多的較具攻擊性，但性格基本上等同一般銀虎斑。

銀虎斑＋白色②
**跳色帶白銀虎斑貓**

整體覆蓋白色被毛，隨處有銀虎斑花紋的情況下，稱為跳色帶白銀虎斑或斑紋帶白銀虎斑。

# 灰虎斑貓

將顏色變淡的隱性 D（稀釋）基因在銀虎斑身上發揮作用，變成粉彩灰的銀虎斑貓。

**毛色基因**

| | | |
|---|---|---|
| 單根毛色 | 淡條紋的銀毛 | |
| 毛色相關基因 | $w^+w^+$ | 不影響被毛 |
| | oo（o） | 不會變成褐色 |
| | A- | 雖是條紋毛，但因 I 基因影響，褐色不會累積 |
| | B- | 正常產生黑色 |
| | C- | 全身有顏色 |
| | dd | 顏色看起來很淡（很淺） |
| | $Ti^+Ti^+$ 且 $T^m$- | 條紋花色 |
| | I- | 將毛色變成銀色 |

在日本幾乎看不到。

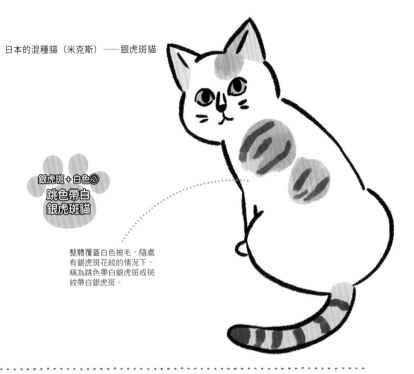

# 黑貓

純黑一色的
閃亮被毛

古今中外，黑貓的傳說多不勝數。看似非常神祕，其實很「聰明」，而且是徹頭徹尾的「撒嬌鬼」。

**尾巴**

米克斯的尾巴長短各不相同，有修長的長尾、可愛的短尾、尾端彎曲的麒麟尾等。

**身體**

黑毛有獨特的光澤。幼貓時期，也可能出現鬼影紋（淡條紋花色）。（譯註：白貓、黑貓和灰貓等單色的貓咪，在幼貓時期可能出現這種條紋花色，變成成貓之後就會消失，因此稱為「鬼影紋」。）

| | | |
|---|---|---|
| 活動性（精力旺盛程度） | | ★★★☆☆ |
| 親人性（喜歡飼主程度） | | ★★★★★ |
| 攻擊性（凶悍程度） | | ★★☆☆☆ |
| 社交性 | （其他貓咪） | ★★★☆☆ |
| | （陌生人） | ★★★☆☆ |

**眼睛** 大多是銅色、金色。偶爾也有貓咪是黃綠色。

**鼻子** 烏黑或深褐色。

**鬍鬚** 基本上是烏黑。極少數貓咪是白色。

**嘴巴周邊** 只有此處容易長偏白的毛。

**天使印記** 也有全身烏黑的，但大多數黑貓身上會於某處帶有白斑（天使印記＝帶來幸福的記號）。

**毛色基因**

| | | |
|---|---|---|
| 單根毛色 | 黑毛 | |
| 毛色相關基因 | $w^+w^+$ | 不影響被毛 |
| | oo (o) | 不會變成褐色 |
| | aa | 變成黑毛 |
| | B- | 正常產生黑色 |
| | C- | 全身有顏色 |
| | D- | 深的毛色 |
| | T 基因 | 任何組合都無條紋 |
| | ii | 不影響被毛 |

**肉墊**

主要是黑色或紅褐色。受到黑色素的強烈影響而形成此顏色。

歷史

## 帶來幸福的漆黑福貓

黑貓是最常出現在迷信和傳說中的貓咪。從前在歐洲，黑貓被視為女巫的使魔而遭人疏遠；日本也將黑貓在眼前橫越，視為不吉的徵兆，避之唯恐不及。然而，英國人似乎將黑貓視為幸運使者，把牠當成寵物。日本近代文學代表作《我是貓》的主角，其原型也是誤闖夏目漱石家而被視為福貓的一隻小黑貓。

有著這樣吉凶參半歷史的黑貓，如今大多被視為召喚幸運的福貓，而受到人們的疼愛。

### 許多黑貓出現在傳說和文學中

西方的貓
人們認為，黑貓是女巫本人變身後的模樣。

日本文學中
夏目漱石也養過黑貓，不過這隻黑貓沒有名字。

平安時代的宇多天皇也相當寵愛黑貓，其情形詳細記載於《宇多天皇御記》（889 年）。

被毛

## 因隱性A基因（變異型）的作用而變成全黑

那有著「純黑」（Black Solid，日文作ブラックソリッド）之稱的漆黑被毛美麗無比，無論短毛、長毛，都不改其魅力。

當然，此黑色也是基因的作用所致。黑貓擁有A（條紋）基因的變異型，它和形成、製造褐黑色素和真黑色素的蛋白質有關。若是野性型的A（顯性）基因，單根毛色裡就會出現褐黑相間的條紋花色，但若是擁有一對變異型的a（隱性）基因，就會變成只有黑色的單色。a為隱性，所以若是A和a各一個，a就不會顯現。

### 產生條紋毛的基因變異

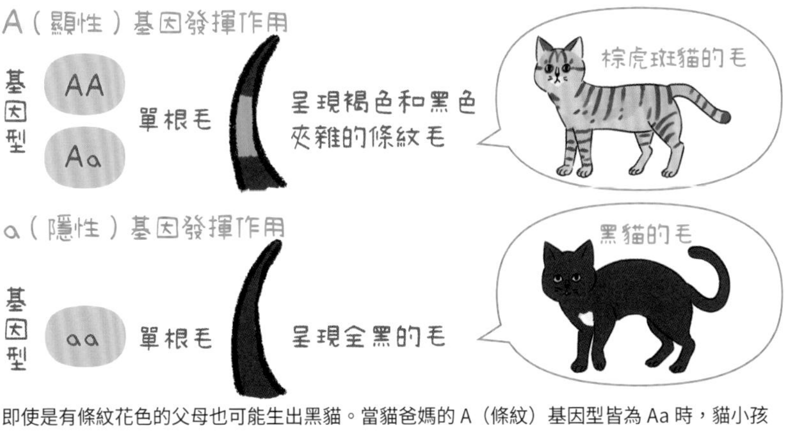
A（顯性）基因發揮作用
基因型
AA
Aa
單根毛
呈現褐色和黑色夾雜的條紋毛
棕虎斑貓的毛
a（隱性）基因發揮作用
基因型
aa
單根毛
呈現全黑的毛
黑貓的毛

即使是有條紋花色的父母也可能生出黑貓。當貓爸媽的 A（條紋）基因型皆為 Aa 時，貓小孩就可能從父母身上各得一個 a，形成 aa 的基因型，從而變成黑貓。

## 神祕冷酷難親近？其實是超級撒嬌鬼！

黑貓渾身散發著神祕冷酷的氣質，但是性格上和外觀正好相反，牠們是非常親人的撒嬌鬼。許多飼主說，牠們的性格相比起貓，還更接近狗一些。

根據 CAMP-NYAN 的調查，與其他的米克斯相比，黑貓的社交性最高。牠們的攻擊性也偏高，但神經質的傾向較低，所以可以說是人來瘋的類型。牠們和家人以外的人及其他貓咪，往往也能和睦相處，適合飼養多隻貓咪的環境。

畢竟黑貓被譽為是「會察顏觀色的貓」，互動能力優異，懂得判斷當場的狀況加以行動。這種不似一般貓咪的機靈，也是牠們受人喜愛的原因之一。

牠們好奇心旺盛、愛玩。最好替牠們準備能盡情遊玩的環境，像是添購合適的玩具和貓塔等。

黑貓因其毛色，很容易融入黑暗之中。當你以為找不到牠們時，說不定牠們就躲在家具後方等陰暗角落中。不過，黑毛的根部接近灰色，所以沾在飼主的黑色衣服上意外顯眼。要記得勤於替牠們刷毛。此外，如果在黑色被毛中看到白毛出現，那是老化的訊號，要記得準備適合老貓的食物和生活環境。

## 容易適應外人和飼養多隻的環境

社交性

擅長與人及其他貓咪打成一片。

也有個別黑貓比較神經質，但隨著時間推移，牠們還是能縮短和人及其他貓咪之間的距離，這也是黑貓的優點。

## 能夠盡情玩耍的環境最爲理想

貓塔

有固定式和支柱式兩種。

一起玩耍的玩具

適合使用逗貓棒、球、玩具老鼠，跟貓咪互動，一起玩耍。

也是有像狗一樣愛玩的貓咪，會將飼主丟擲的球叼回來。

# 黑貓家族！

視覺上雖是單色調（monotone）卻又獨具一格，這就是許多黑白貓的魅力所在。據說根據黑白分布的不同，個性也南轅北轍。一如那視覺效果般獨一無二。對貓奴而言，箇中樂趣是探究不盡的。

黑貓
FAMILY
黑色＋白色

## 黑色＋白色

一般而言，黑色多就稱為帶白黑貓；白色多就稱為白底黑貓。依白色部分的出現方式而定，有各式各樣的名稱。

**毛色基因**

| | | |
|---|---|---|
| 單根毛色 | 黑毛、白毛 | |
| 毛色相關基因 | $w^s w^s$、$w^s w^+$ | 夾雜白毛 |
| | oo (o) | 不會變成褐色 |
| | aa | 變成黑毛 |
| | B- | 正常產生黑色 |
| | C- | 全身有顏色 |
| | D- | 深的毛色 |
| | T 基因 | 任何組合都無條紋 |
| | ii | 不影響被毛 |

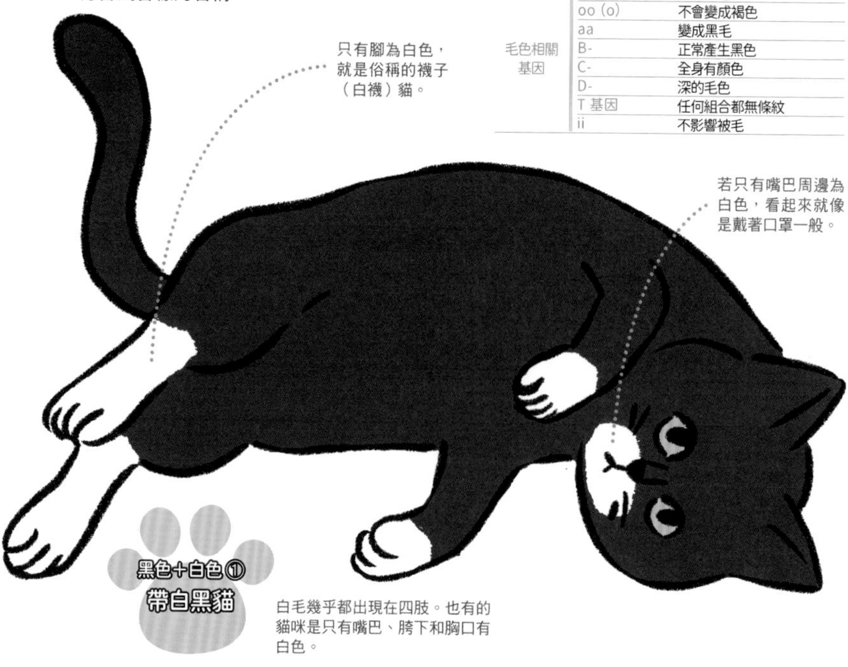
只有腳為白色，
就是俗稱的襪子
（白襪）貓。
若只有嘴巴周邊為
白色，看起來就像
是戴著口罩一般。
黑色＋白色①
帶白黑貓

白毛幾乎都出現在四肢。也有的貓咪是只有嘴巴、胯下和胸口有白色。

黑色＋白色②
白底黑貓

若是毛色中夾雜白色，則鼻子也可能呈粉紅色。

額頭黑色和白色的交界線呈八字的「中分貓」（賓士貓），挑動著愛貓人士的心。

尾端帶著白毛的長尾巴，稱為筆燈尾。在日本也有「螢火蟲尾」的說法。

若是白色部分多，名稱就會變成「白底黑貓」。

黑色＋白色③
黑白花斑貓

斑紋花色在英文叫做 spot。

也有貓咪是整體白毛，同時帶有黑色斑紋。牠們當然也屬於黑白貓。

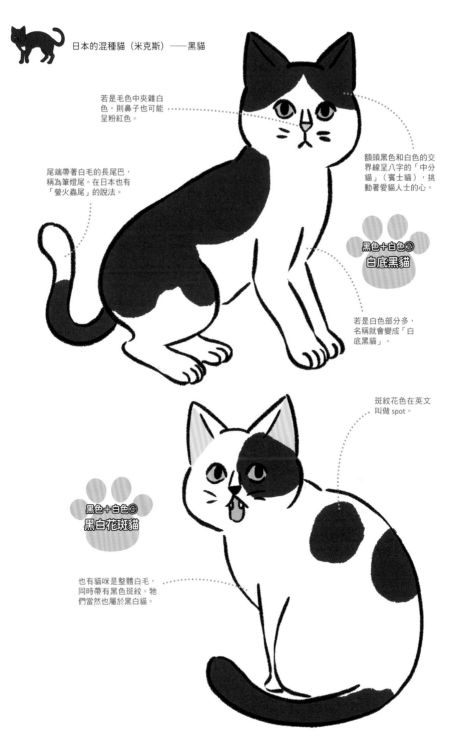

幾乎一點色素都沒有的全白被毛

# 白貓

充滿氣質的純白身影，
吸引許多人的美麗貓咪。
「占有慾」偏強的性格也很迷人。

幼貓的頭頂可能出現淡灰色花紋，這稱為「幼貓帽（色斑）」。大多在一歲左右之前會消失。

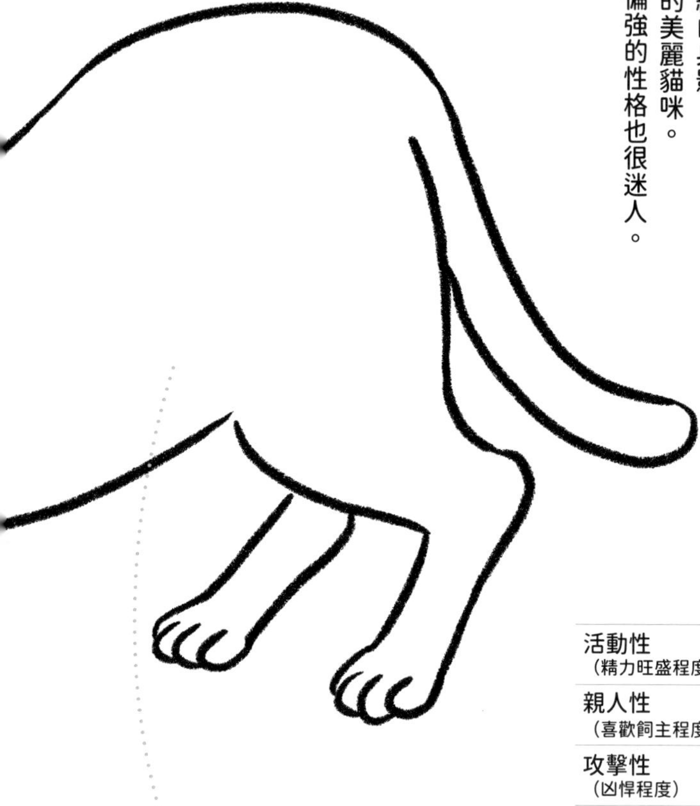

身體

被毛為全白。除了僅出現於幼貓時期的幼貓帽之外，不會夾混其他顏色或花紋。

| | | |
|---|---|---|
| 活動性（精力旺盛程度） | | ★★☆☆☆ |
| 親人性（喜歡飼主程度） | | ★★★★☆ |
| 攻擊性（凶悍程度） | | ★★★☆☆ |
| 社交性 | （其他貓咪） | ★☆☆☆☆ |
| | （陌生人） | ★☆☆☆☆ |

## 眼睛

黑色素少，因此眼睛呈藍色者偏多。也有左右眼顏色不同的異瞳貓，一眼是藍色，另一眼是黃色、棕色或綠色等其他顏色。

## 鼻子

淡粉紅色。興奮起來就會帶點紅色。

## 毛色基因

| | | |
|---|---|---|
| 單根毛色 | 白毛 | |
| 毛色相關基因 | WW | 全身變成白毛 |
| | O 基因 | 任何組合的作用都會受到抑制 |
| | A 基因 | 任何組合的作用都會受到抑制 |
| | B 基因 | 任何組合的作用都會受到抑制 |
| | C 基因 | 任何組合的作用都會受到抑制 |
| | D 基因 | 任何組合的作用都會受到抑制 |
| | T 基因 | 任何組合的作用都會受到抑制 |
| | I 基因 | 任何組合的作用都會受到抑制 |

和鼻子一樣，幾乎沒有黑色素，因此為淡粉紅色。

## 最強基因BIG「W」!!

包含招財貓在內，日本有許多以白貓為主題的吉祥物。其中，異瞳的白貓被稱為「金目銀目」，被視為非常吉利。

白貓的美麗被毛源自W（白）基因。從前認為，帶白棕虎斑貓和白底黑貓擁有的白毛，是別的基因[※1]所致，但後來漸漸明白，這是源自W基因上KIT基因[※2]的作用[※3]。若帶有W（顯性），色素細胞就不會活化，幾乎不會製造黑色素而形成白貓。W基因在毛色相關的基因中，最占優勢。即使父母其中一方有製造褐色或黑色毛色的基因，但只要另一方是白貓，孩子就有相當高的機率也是白貓。至於其他毛色基因，要在擁有一對$w^+$（隱性）時，才會發揮作用。

白貓的另一特徵，就是大多擁有藍色的眼睛。左右眼顏色不同的情況（所謂的異瞳貓或異眼貓）也很常見（參左頁）。有異色瞳的貓咪占所有貓咪的1%，但在白貓中則高達25%。白貓的眼睛和先天性的聽覺障礙（重聽）有高度相關，這也是W基因的作用所致[※4]。

雖說是基因表現最強勢的基因，但是擁有它，並不代表生存能力也最強。許多白貓都非常敏感嬌貴。

※1 過去一般認為，身體會部分變白是 S 基因導致，但其實它和 W 基因是同一個基因。因此在本書中，視為是 W 基因中的 $w^S$ 所致。

※2 KIT 基因在受精卵變成胚胎、反覆細胞分裂的過程中，會妨礙黑色素芽細胞遍布全身上下的機制。因此，被毛會有部分變白，或形成白色區塊等情況。

## 最強勢的白色基因

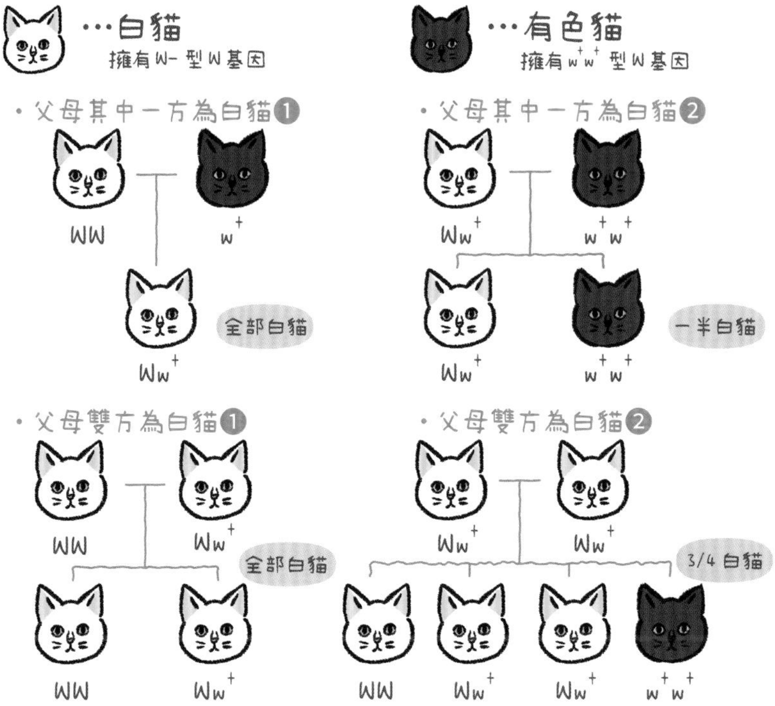


## 白貓出現異色瞳的機率高達 25%

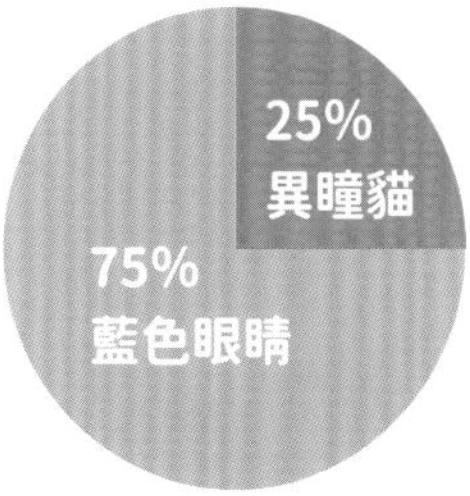

藍眼睛並非源自藍色色素，而是因為黑色素的量幾乎為零，故看起來呈藍色。異瞳白貓一定有一隻眼睛是藍色。

※3 David et al. (2014). Endogenous retrovirus insertion in the KIT oncogene determines white and white spotting in domestic cats. G3: *Genes, Genomes, Genetics*, 4(10), 1881-1891.

※4 顯性 W 基因使得製造黑色素的黑色素細胞之作用受到抑制，但這些黑色素細胞在視覺和聽覺上也不可或缺。眼睛呈藍色，是因為幾乎沒有黑色素細胞製造的眼色素。聽力問題相較之下也更容易發生。

性格・健康

## 高雅優美的女王氣質?!

白貓性格非常敏感。一般認為，白色被毛在自然界中最為顯眼，所以牠們的警戒心也必然很強，才更可能生存下來。此外，似乎許多白貓都有著美麗的外觀與高貴優雅的氣質，好像有些距離感。然而一旦跟人親近之後，就會對飼主撒嬌，占有慾往往也很強。簡直就像女王一般。

此外，就連一般認為相對親人的公貓，也是不太黏人的類型。人與貓之間需要適度的距離感，可說是白貓的性格特徵之一〔※1〕。

被毛

## 白貓與白化症貓

白貓與白化症貓〔※2〕看起來很像，實質上卻並不相同。白貓的白毛源自顯性W（白）基因，白化症貓的白毛則是來自隱性c（顏色）基因（P107）。前者的白毛是色素細胞不活化所形成，後者的白毛則是由於生成色素所需的酵素，沒有妥善發揮作用所致。

不過這兩者對紫外線同樣敏感，若是受到陽光直射，也可能導致日光性皮膚炎。敬請採取對策，像是將窗玻璃改成抗UV規格，或者貼上具有相同效果的隔熱紙。

※1 在 CAMP-NYAN 的調查樣本中，幾乎沒有白貓，因此無法確認其性格細節。
※2 白化症是完全無法製造黑色素的一種突變，在大多數動物身上都能發現。

## 害怕大家庭和客人

客人

如果會對門口的門鈴聲感到壓力過大，就要設置能讓牠們躲起來的安全地方。

大家庭

白貓在性格上，有可能不適合大家族或孩子多的家庭。

許多白貓害怕外人和其他貓咪。可能不適合大家族和客人多的家庭，或者飼養多隻的情況。固然還是有個體差異，但要為牠們盡量準備不會造成壓力的環境。

## 白化症貓和白貓一樣嗎？

因隱性 C 基因而變成白毛。

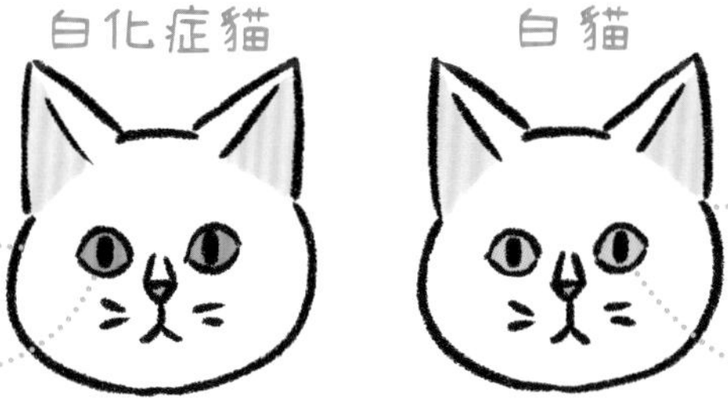


白毛是顯性W基因所致。

眼睛是紅色或淺藍色。眼底的血管清晰可見。[※3]

眼睛除了藍色之外，也有黃色、棕色或綠色。依黑色素的量而改變。

白化症貓乍看和擁有 W 基因的白貓沒有兩樣。差異主要在眼睛的顏色，因為牠們的虹膜幾乎不會累積色素。據說許多白化症貓都因為這樣的眼睛而有視覺障礙。

**共通點**

害怕紫外線，若直射陽光會造成肌膚問題

※3 隱性 C 基因有 $c^s$、$c^b$、c、$c^a$ 這四種，紅眼的白化症貓擁有一對 c。藍眼的白化症貓擁有一對 $c^a$，或者 c 和 $c^a$ 各一個。

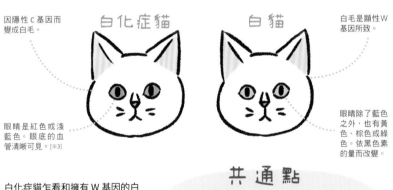

白＋黑＋褐
的三花組合

# 三花貓

在基因學上，幾乎都是母貓。白、褐、黑（或棕虎斑）三色形成獨樹一格的被毛，以及「傲嬌」性格，都讓貓奴們爲之傾倒。

**尾巴**　色素高度出現的部位，大多呈黑色和褐色的斑紋。偶爾會出現連尾巴也有白色、呈三花模樣的孩子。

**身體**　白色基底，有黑色和褐色的毛。當黑色部分不是黑毛，而是條紋毛（P17）時下，就會變成白色＋褐色＋棕虎斑的三花貓。

| | | |
|---|---|---|
| 活動性（精力旺盛程度） | | ★★★☆☆ |
| 親人性（喜歡飼主程度） | | ★★★★★ |
| 攻擊性（凶悍程度） | | ★★★★☆ |
| 社交性 | （其他貓咪） | ★★★☆☆ |
| | （陌生人） | ★★★☆☆ |

**眼睛**

若黑色素偏多，就會變成金色。反之若是黑色素較少的情況，也可能變成藍色或綠色。

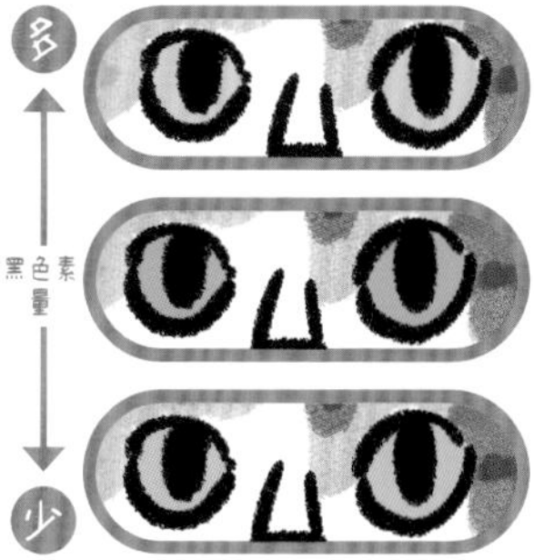

**鼻子**

大多數是粉紅色。也有的三花貓是黑色或橘色。

**肉墊**

絕大多數為粉紅色！也有的是粉紅色底帶褐色斑紋，就像草莓巧克力。

**毛色基因**

| | | |
|---|---|---|
| 單根毛色 | 白毛、褐毛、黑毛 | |
| 毛色相關基因 | $w^sw^s$、$w^sw^+$ | 夾雜白毛 |
| | Oo | 夾雜褐毛 |
| | aa | 出現黑毛 |
| | B- | 正常產生黑色 |
| | C- | 全身有顏色 |
| | D- | 深的毛色 |
| | $Ti^+Ti^+$ 且 $T^m$- | 條紋花色 |
| | I- | 不影響被毛 |

## 基因作用之下，會有公貓是奇蹟！

三花貓，是擁有白色、黑色（棕虎斑）、褐色這三色被毛的貓咪總稱。其最大的特徵是，三花貓幾乎只有母貓。這點和基因密不可分。

若要成為三花貓，就必須褐毛、黑毛（或條紋毛）同時出現。其條件是必須擁有位於X染色體上的顯性O（橘）基因和隱性o基因各一。公貓只有一個X染色體，因此不可能產生Oo各一的組合（下圖）。所以說，三花貓基本上是母貓[※]。

### 爲何三花貓大多數是母貓？

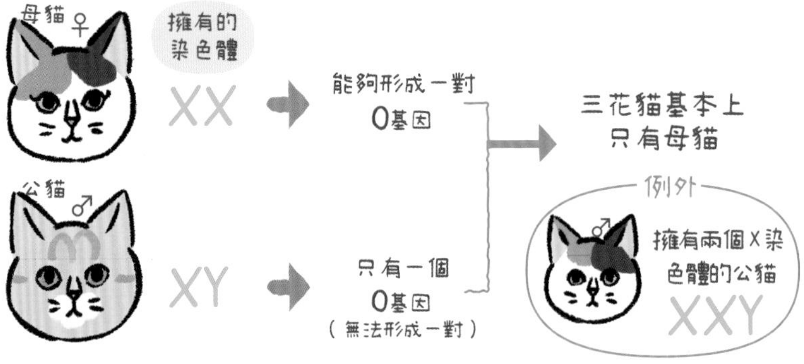


若要成為三花貓，就必須擁有一對 O 基因，Oo 各一個。O 基因只存在 X 染色體上，因此幾乎沒有公三花貓。

※ 其中也有擁有兩個 X 染色體的公貓（XXY），因此也存在公三花貓。關於公三花貓的比例，有種說法是每三百隻裡有一隻，也有人說每三萬隻裡有一隻。據說光看 X 染色體，公三花貓也會被辨別為母貓。

性格・健康

## 性格方面，很符合人們對貓的既定印象

三花貓為人熟知的性格，是善變、傲嬌且有些膽小。據 CAMP-NYAN 的調查研究，相較於其他毛色的貓咪，三花貓顯得更容易緊張、反應過度，而且愛黏飼主。

因為比較神經質的關係，所以容易動不動就變得有攻擊性；但對飼主而言，牠們卻像是愛撒嬌的孩子一般。考慮到「母貓比公貓更像貓（更具有貓的特質）」這種普遍看法，或許盡是母貓的三花貓，會被認為很符合人們對貓的既定印象，也是很自然的事。

## 雖然神經質，但很黏飼主

疾病

注意母貓特有的子宮和乳腺方面的疾病。許多疾病能夠透過結紮手術預防。

或許是因為母貓多，性格符合「貓特質」，顯得有點反覆無常，卻也很黏飼主。不過也是有飼主說，自己家裡的三花貓性格乖巧。

# 三花貓家族！

曼赤肯貓等部分純種貓中，也帶有三花花色，但還是最常見於米克斯身上。沒有哪兩隻三花貓的花色分布會一模一樣。這是因爲每個細胞在毛色的呈現方式上都是隨機的，縱然擁有相同基因，也要等到長成之後，才會知道形成哪種花紋。

三花貓

FAMILY

- 跳色三花貓
- 白色＋褐色＋棕虎斑
- 粉彩三花貓

## 跳色三花貓

指三花貓中，白色占花色絕大部分的貓咪。

有的頭上只有些許黑色和褐色的斑點。
像是從上方淋下醬汁一般顯現出顏色。顏色會出現在耳朵周邊、頭頂和背部到尾巴等處，腹部和腳則為白色。

## 白色＋褐色＋棕虎斑

擁有條紋毛（而非黑毛）的三花貓。若是有顯性 A 基因，就會出現條紋毛，而非黑毛。

條紋毛的部分會形成條紋花色。

**毛色基因**

| | | |
|---|---|---|
| 單根毛色 | 白毛、褐毛、條紋毛 | |
| 毛色相關基因 | $w^{s}w^{s}$、$w^{s}w^{+}$ | 夾雜白毛 |
| | Oo | 夾雜褐毛 |
| | A- | 出現條紋毛 |
| | B- | 正常產生黑色 |
| | C- | 全身有顏色 |
| | D- | 深的毛色 |
| | $Ti^{+}Ti^{+}$ 且 $T^{m}$- | 條紋花色 |
| | ii | 不影響被毛 |

## 粉彩三花貓

顏色分配和三花貓相同，但是有著整體顏色較淡的毛色。

大多擁有西方貓的氣質。

淡毛色是隱性 D（稀釋）基因的作用所致，若是影響到褐色，就會形成奶油色；若是影響了黑色，就會形成藍色（灰色）。

**毛色基因（白色、條紋、粉彩褐）**

| | | |
|---|---|---|
| 單根毛色 | 白毛、淡褐毛、淡條紋毛 | |
| 毛色相關基因 | $w^{s}w^{s}$、$w^{s}w^{+}$ | 夾雜白毛 |
| | Oo | 夾雜褐毛 |
| | aa | 夾雜條紋毛 |
| | B- | 正常產生黑色 |
| | C- | 全身有顏色 |
| | dd | 顏色看起來很淡（很淺） |
| | $Ti^{+}Ti^{+}$ 且 $T^{m}$- | 條紋花色 |
| | ii | 不影響被毛 |

褐色和黑色
組成的雙色被毛

# 雙色貓

有著褐色和黑色（棕虎斑）這兩色構成的被毛。好像和三花貓一樣，大多數是母貓，大多是「反覆無常」的「傲嬌鬼」。

**尾巴** 尾巴的花色幾乎與身體相同。但若是稻草貓（P72），其身上可能出現較明顯的條紋花色。

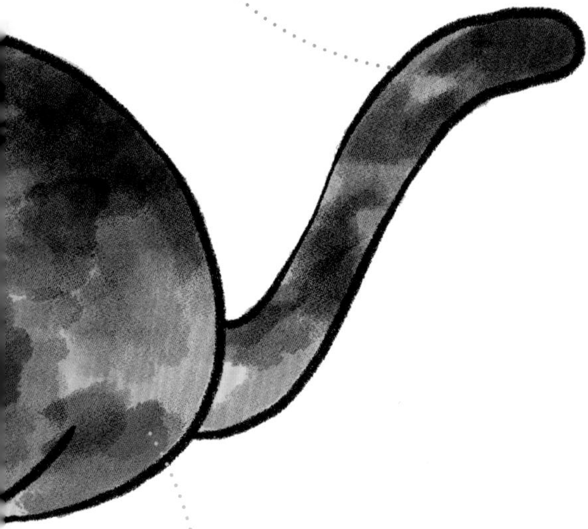

**身體** 被毛複雜地夾雜黑色（或條紋毛）和褐色。

| | | |
|---|---|---|
| 活動性<br>（精力旺盛程度） | | ★★★☆☆ |
| 親人性<br>（喜歡飼主程度） | | ★★★☆☆ |
| 攻擊性<br>（凶悍程度） | | ★★★★☆ |
| 社交性 | （其他貓咪） | ★★★★☆ |
| | （陌生人） | ★★★★☆ |

**眼睛**

黑色素多的情況下，
大多呈金色。

**鼻子**

呈現黑底夾雜些許粉
紅色的斑紋花色。

**毛色基因**

| | | |
|---|---|---|
| 單根毛色 | 褐毛、黑毛 | |
| 毛色相關基因 | $w^+w^+$ | 不影響被毛 |
| | Oo | 夾雜褐毛 |
| | aa | 夾雜黑毛 |
| | B- | 正常產生黑色 |
| | C- | 全身有顏色 |
| | D- | 深的毛色 |
| | $Ti^+Ti^+$ 且 $T^m$- | 條紋花色 |
| | ii | 不影響被毛 |

**肉墊**

黑色素多，因此大
多是黑色。

歷史・被毛

## 褐與黑的雙色組合，撞出獨特花紋

「雙色貓」一詞或許不常聽到。就像三花貓指的是有著三種毛色的貓，兼具褐色和黑色（或棕虎斑）這兩種毛色的貓咪，就稱為雙色貓。

因為褐、黑兩色的組合，在日本以「鏽貓」（サビ猫）之名廣為人知，英文裡稱為「tortoiseshell cat」（龜殼貓），以形容其美麗的色彩。日本也會以相同的意思，將之稱為「玳瑁貓」（べっ甲猫）。

玳瑁貓之中，常見的是整體夾雜黑色和褐色的配色，但也有貓咪是斑紋花色。此

### 給人的印象因名稱而改變

**玳瑁**

將海龜龜殼加工後的成品，就是玳瑁。顏色上是在半透明的褐色中夾雜著黑色斑紋。自古以來便用於工藝品上。自飛鳥時代傳入日本。

**名稱的由來**

鏽貓之名源自於金屬上的鏽。據說日本江戶時代鑄造技術發達，金屬加工品成為人們的日常用品。

玳瑁貓是自古以來就存在於日本的貓咪，還有著「抹布貓」（雑巾猫）等別名。從這名稱來看，這種花色的家貓在日本相對小眾，但在國外則是受人喜愛的美麗毛色。牠們的性格溫馴，不太調皮且又聰明，所以越來越多人想要將之作為家貓飼養。

時，若是加入一對隱性D（稀釋）基因，顏色就會變淡，變成粉彩色的玳瑁貓。

性格・健康

## 和三花貓一模一樣的女王氣質

從基因來看，玳瑁貓和三花貓的差異僅在於有無白毛。同時擁有黑毛（或條紋毛）和褐毛這一特點，跟三花貓一樣。因此，玳瑁貓也和三花貓一樣，幾乎只會誕生母貓（P64）。

在性格上，牠們也符合人們對貓咪的既定印象，善變且傲嬌，和三花貓有許多類似之處。

## 沒有白毛是因爲W基因的差異

雙色貓的基因
$w^+w^+$ 無白毛
Oo 有褐毛
aa(A-) 有黑毛（條紋毛）

三花貓的基因
$w^sw^s$、$w^sw^+$ 有白毛
Oo 有褐毛
aa(A-) 有黑毛（條紋毛）

相對於三花貓的W基因型為 $w^sw^s$（或 $w^sw^+$），雙色貓則是擁有 $w^+w^+$，因此不會出現白毛。

# 雙色貓家族！

玳瑁貓給人的印象，會依其雙色的比例而大幅改變。若褐毛偏多，全身帶紅，稱爲「紅玳瑁」；若黑毛偏多，稱爲「黑玳瑁」；若是粉彩色的毛，則稱爲「灰玳瑁」。若帶有條紋花色，就會變成「稻草貓」（麦わら猫）這個特別的名稱。

## 稻草貓

給人的印象類似紅玳瑁貓，差異在於全身出現條紋花色。看起來也像是帶紅色的棕虎斑貓。

**毛色基因**

| | | |
|---|---|---|
| 單根毛色 | 褐毛、條紋毛 | |
| 毛色相關基因 | $w^+w^+$ | 不影響被毛 |
| | Oo | 夾雜褐毛 |
| | A- | 夾雜條紋毛 |
| | B- | 正常產生黑色 |
| | C- | 全身有顏色 |
| | D- | 深的毛色 |
| | $Ti^+Ti^+$ 且 $T^m$- | 條紋花色 |
| | ii | 不影響被毛 |

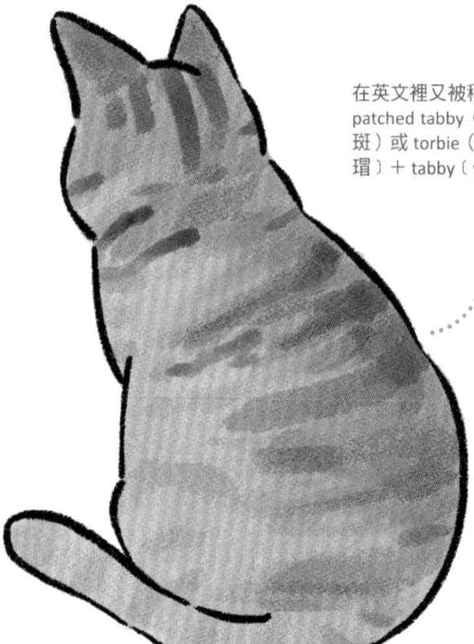

在英文裡又被稱為 brown patched tabby（褐色塊虎斑）或 torbie（tortie〔玳瑁〕＋ tabby〔條紋〕）。

Part 3

# 純種貓

父貓、母貓皆為相同品種，
容易預測成貓體格和性格的純種[※]貓咪。
各自擁有獨一無二的個性，
證明了牠們具有人們精心維護的血統。

美國短毛貓
俄羅斯藍貓
蘇格蘭摺耳貓
挪威森林貓
曼赤肯貓
布偶貓
緬因貓
英國短毛貓
波斯貓
孟加拉貓
阿比西尼亞貓&索馬利貓
異國短毛貓

暹羅貓
新加坡貓

※ 各種認定團體規定的特性稱為「標準」，各貓種的「標準」由各種認定團體制定。

毛色五花八門，條紋
花色也多樣的短毛種

# 美國短毛貓

擁有結實的體格和討喜的圓臉，
在全世界深受歡迎，歷史悠久的品種。
「天真無邪」且「友善」的好夥伴。

**尾巴** 有點偏長偏粗但尾端細，是其特徵。

**鼻子** 呈褐色至粉紅色。邊緣為黑色。

**被毛** 毛短，但有底毛（P95），因此顯得厚實，觸感微硬。

**身體** 半短身型（P109），體格結實，下半身健壯。

| | | |
|---|---|---|
| 活動性（精力旺盛程度） | | ★★★★★ |
| 親人性（喜歡飼主程度） | | ★★★★☆ |
| 攻擊性（凶悍程度） | | ★☆☆☆☆ |
| 社交性 | （其他貓咪） | ★★★★★ |
| | （陌生人） | ★★★★☆ |

＊圖中花色稱為銀經典虎斑，是美國短毛貓中具代表性的花色。

**耳朵**
尖端圓潤，中等大小。兩耳之間距離稍遠。

**額頭的M字**
螺旋條紋的貓咪也和條紋花色的貓咪一樣，額頭會出現M字。

**埃及豔后眼線**
從眼尾到頭側邊有黑色的線條。給人精神抖擻的感覺。

**眼睛**
比起圓形更接近杏仁形，大而圓。標準的銀經典虎斑的眼睛大多是綠色或藍色，有的孩子也會擁有黃色或銅色的眼睛。

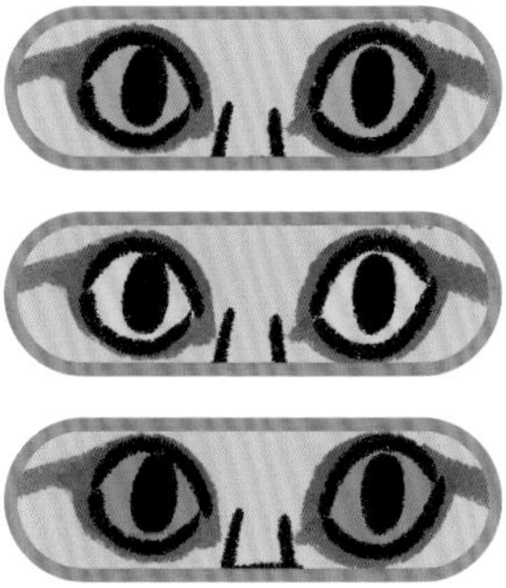

**嘴巴**
臉頰飽滿。公貓格外顯著。

**四肢**
不會太粗也不會太細，肌肉發達，但是意外偏短。

大多是黑色或黑褐色，這是因為毛的真黑色素較多的緣故。

歷史

## 自從美國拓荒時期，就與人一路相伴的貓咪

十七世紀時，五月花號載著人們從英國遷徙至美國；為了消滅老鼠，船上也載著貓咪，據說牠們就是美國短毛貓的祖先。後來，牠們在農場作為工作貓，與人們一同生活。直到二十世紀之後，牠們才被確立為一種品種。

即使在日本，一般也幾乎都聽得懂「美短」（アメショ、アメショー）這種簡稱，可說是一種知名的貓種。

圓臉、討喜的長相，是牠們廣受人們喜愛的原因之一。

被毛

## 除了銀經典虎斑之外，還有各種毛色花紋

美短的代表性花色稱為銀經典虎斑，然而決定條紋花色的T（斑紋）基因（P26），野生型其實是鯖魚虎斑（如棕虎斑貓之類的直條紋）。經典虎斑是因突變產生，使貓咪的兩邊側腹有左右對稱、偏粗的螺旋花色，又稱為寬紋虎斑。誠如其名，是帶著寬紋（不規則的斑點）的虎斑（花紋）。

毛的顏色和花紋的種類非常多，這點也是美國短毛貓的特色之一，據說其種類就超過八十種。

## 美短的毛色五花八門

有各式各樣的顏色，像棕色、紅色、藍色、黑色、奶油色等，也有貓咪是夾雜白色的雙色和暹羅花色、單色等。

花紋
也是有不帶經典虎斑花色的孩子。

## 虎斑指的是條紋樣式，分爲三種

① 寬紋虎斑
（螺旋花紋、經典虎斑）

② 鯖魚虎斑
（直條紋）

③ 勾狀斑紋
（阿比西尼亞貓花紋）

條紋樣式可分為以美短為代表的寬紋虎斑，以及以日本貓（棕虎斑米克斯）為代表的鯖魚虎斑，依 T 基因的組合而決定。此外，還有阿比西尼亞貓等所具有的勾狀斑紋（P138），雖然外觀上看不出條紋，但同樣會因 T 基因而出現。

性格

## 天真無邪的性格

說到美國短毛貓的性格，總歸一句話，就是友善[※1]。無論是和人還是貓咪，甚至連狗狗都能和睦相處。活潑開朗、天真無邪等形容詞，再適合牠們不過。根據某項研究[※2]，在納入調查的十一種純種貓之中，牠們的友善性和愛玩性，數值最高。不過，與其說牠們是撒嬌鬼，倒不如說是和飼主相處和睦比較合適。

牠們對環境的適應性也高，因此不論是大家庭到單身家庭，牠們都比較容易融入各種家庭結構中。

## 與人一路相伴

大航海時代的十七世紀
用來消除老鼠等害獸的工作貓。
如今
在與人一起生活的漫長歲月裡，培育出友善的性格，使牠們成為受人喜愛的貓咪。


在 1960 年代ㄅ被登錄為純種貓。自從與人們一同前往美國以來，已經過三百多年。

※1 還是有些貓咪不喜歡過度的肢體接觸和抱抱，敬請注意。

※2 Takeuchi,Y., & Mori, Y.(2009). Behavioral profiles of feline breeds in Japan. *Jorunal of Veterinary Medical Science,* 71(8), 1053-1057.

健康

## 注意肥胖

美國短毛貓在確立為品種貓之前，曾和許多貓咪混種，因此遺傳性疾病較少，擁有健壯的身體。平均壽命為十五歲，在純種貓中偏長壽。不過，據說牠們容易罹患疫苗誘發性纖維肉瘤（在疫苗的注射部位長出腫瘤），以及肥大性心肌病[※3]。此外，牠們生性愛吃好動，若是運動量不足，就會變成肥胖，這有可能導致糖尿病和關節炎等，所以還是要注意。

## 純種貓中的健康品種

疾病
遺傳疾病少。
平均壽命長
相對於純種貓的平均壽命為十三歲，美國短毛貓為十五歲。

純種貓是經人為刻意培養，讓牠們具有固定特徵的外觀，因此依品種而定，也可能易有遺傳性疾病（P91）。單就這點而言，美國短毛貓的祖先是在美國落地生根的野貓，繼承了各品種的血統，基因組合多樣，較不易出現遺傳疾病。平均壽命應該也比較長。

※3 應為遺傳性，但原因完全不明，無法預防，且難以事先發現。因此，若是出現令人在意的症狀，像是咳嗽和運動量低下等，就要找熟悉的獸醫諮詢。

世界三大藍貓之一

# 俄羅斯藍貓

一身宛如天鵝絨的藍色被毛，誰能不心動？
「神經質」且不易親近外人，
但是能和飼主建立親密的情誼。

**尾巴** 細長柔美，尾端變細。幼貓時期偶爾也會出現淡條紋花色（鬼影紋）。

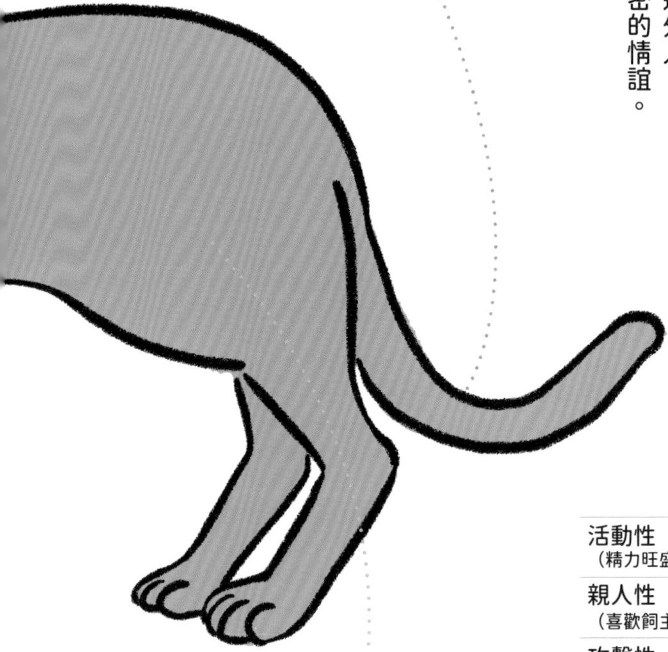

**身體** 骨骼纖細，身材修長。有恰到好處的肌肉，柔美的體格。

| | | |
|---|---|---|
| 活動性（精力旺盛程度） | | ★★★☆☆ |
| 親人性（喜歡飼主程度） | | ★★★★★ |
| 攻擊性（凶悍程度） | | ★★☆☆☆ |
| 社交性 | （其他貓咪） | ★☆☆☆☆ |
| | （陌生人） | ☆☆☆☆☆ |

**頭部**
小巧的頭呈倒三角形。形狀像是蛇的頭，有「眼鏡蛇頭」的俗稱。

**耳朵**
呈大三角形。兩耳距離遠，和臉的完美比例也很迷人。

**眼睛**
標準的俄羅斯藍貓擁有圓杏仁形的水靈大眼，顏色為鮮明的綠色。

**鼻子**
特徵是鼻翼寬，且鼻梁直挺。顏色為灰色。

**嘴巴**

嘴角上揚的嘴形，看起來像是在笑一般，被稱為「俄羅斯微笑」。鬍鬚為黑色。

**四肢**
修長纖細的美腿。

**肉墊**

紅褐色。腳尖小巧圓潤，支撐著苗條的身形。

**被毛**
柔軟的毛質十分光滑，被形容為天鵝絨。雖然是短毛，但擁有寒冷地區出身的貓咪特有的扎實底毛（P95），到了冬毛的季節，毛量大增，有時看起來會整隻貓大上一圈。

歷史・被毛

## 美麗的毛色是D基因的影響

據說，俄羅斯藍貓源自於俄羅斯西北部的阿爾漢格爾斯克。藍色（灰色）的美麗被毛和苗條高雅的身影，受到俄羅斯和英國的貴族喜愛，二十世紀初期在英國被登錄為品種。

首要特徵是毛色。俄羅斯藍貓有著單一的藍色，和沙特爾貓、科拉特貓齊名，被稱為世界三大藍貓之一。這種藍色是隱性D（稀釋）基因使毛色變淡的作用所致[※]。這也是在日本的混種貓之中，幾乎看不到的顏色。

### 因隱性D基因（變異型），毛色變淡的機制

① 製造色素的細胞，製造黑色素。

② 細胞製造的黑色素被運送至毛尾和皮膚。因隱性D基因（變異型）的影響，妨礙黑色素的運送，導致分布不均。

③ 不均勻的色素從肉眼看來呈藍色。

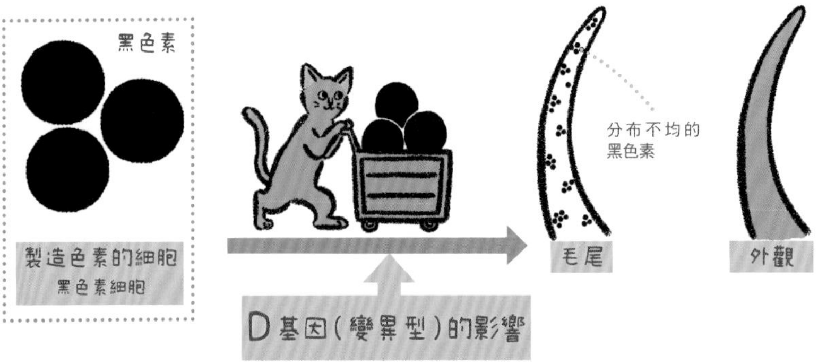

黑色素
製造色素的細胞
黑色素細胞
D基因（變異型）的影響
分布不均的
黑色素
毛尾
外觀


※ 若是擁有一對隱性D基因d，色素就不會正常地被運送至全身。

## 小臉的俄羅斯藍貓

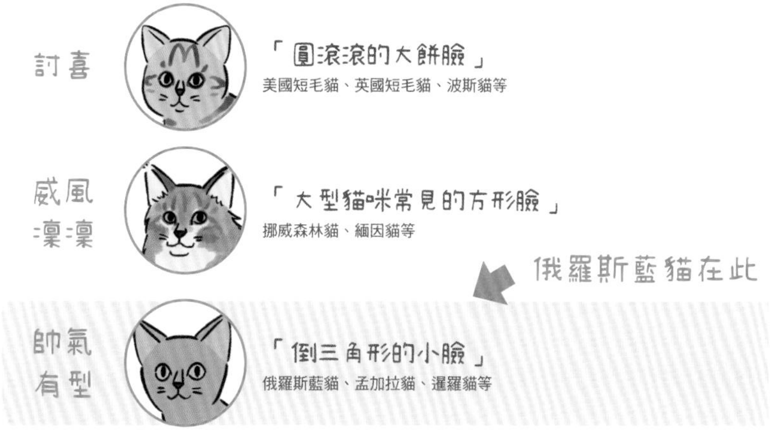
討喜
「圓滾滾的大餅臉」
美國短毛貓、英國短毛貓、波斯貓等
威風凜凜
「大型貓咪常見的方形臉」
挪威森林貓、緬因貓等
俄羅斯藍貓在此
帥氣有型
「倒三角形的小臉」
俄羅斯藍貓、孟加拉貓、暹羅貓等

貓咪的臉形大致上分成上述三種。俄羅斯藍貓的小臉呈倒三角形或楔形（V 形），給人一種高貴優雅的印象。

性格

### 雖然難以取悅，但是對飼主而言是最佳情人！

俄羅斯藍貓有著美麗的皮毛、骨感的身形、倒三角的小臉。性格上講白了就是「敏感的情人」。牠們百分之百信任飼主，徹底享受被寵愛的感覺。從其黏人撒嬌的模樣來看，甚至會被說是「像狗一般」。相對地，牠們非常害怕外人，神經質且警戒心強。因此，在可能突然有客人上門的情況下，必須準備牠們能馬上躲起來的地方。

生性敏感的牠們不擅長適應環境變化，室內裝修和搬家時要慎重行事。家人增加或迎接新貓入住時，也要考慮到牠們的感受，盡量避免造成壓力。有報告指出，當牠們累積太多壓力時，會變得凶暴起來。

也有人說俄羅斯藍貓「難養」，但只要建立起信賴關係，蜜月期就會持續，牠們也能成為你的最佳夥伴。

此外，俄羅斯藍貓也有著「無聲貓」這個別名，不太會叫，所以也適合在公寓等集合住宅裡飼養。

健康

## 擁有健康的身體，也比較不容易引起過敏

俄羅斯藍貓的敏捷性高，也很愛玩。所以透過玩具、貓塔等，記得替牠們準備良

### 最愛飼主

雙面性格
神經質，但是只對飼主撒嬌。


除了藍色以外，有時也會生長白色或黑色的被毛，有些團體會將其認定爲「俄羅斯短毛貓」。

### 無聲貓

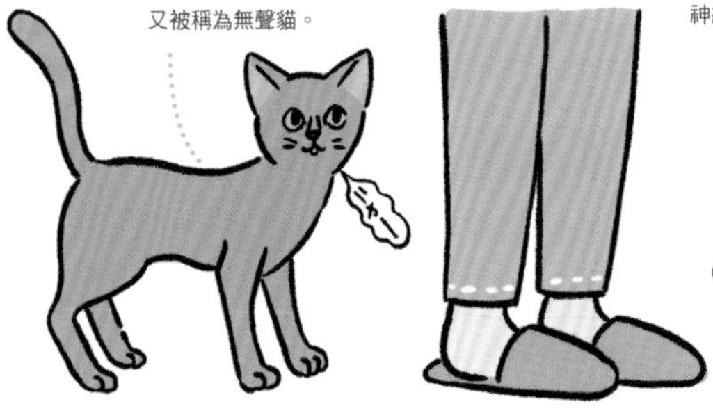

叫聲非常小
又被稱為無聲貓。
にゃー


十九世紀後期，開始出現貓咪秀時，也曾出現過黃色眼睛的俄羅斯藍貓。不過，美麗的綠色如今已成爲唯一的標準色。

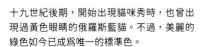

## 即使對貓過敏，也容易飼養？

俄羅斯藍貓
相較於一般的貓咪，俄羅斯藍貓的過敏原較少。
敏
敏
一般的貓種
因理毛而附著於毛上的過敏原，會引發人對貓的過敏。
過敏原
敏
敏
敏
敏
敏
敏

除此之外，過敏原生成量少的貓種還有西伯利亞貓、峇里貓、柯尼斯捲毛貓、斯芬克斯貓（加拿大無毛貓）等。

好的運動環境，這點也很重要。

目前尚未有報告指出俄羅斯藍貓可能有的遺傳疾病和容易罹患的疾病等，但是有許多孩子，都有嚴重挑食的情況。需要從小餵食牠們各類食物，進行體重管理也是必要的。

俄羅斯藍貓也是不易令人對貓過敏的品種。如今發現，比起其他貓咪品種，俄羅斯藍貓身上，會造成人對貓過敏的過敏原「醣蛋白Fel d1」較少。這類過敏原蘊藏於貓咪的皮屑和唾液等，會因理毛的關係而遍布貓咪全身，所以也能透過梳毛和洗澡來使之減少[※]。

※ 如今，正在研究使過敏原降低的突變基因，但是其可信度還令人存疑。

特徵爲十分討喜的摺耳

# 蘇格蘭摺耳貓

視覺上很可愛，全身上下帶圓潤感。性格也「穩重」、「友好」，能和任何人愉快度日。

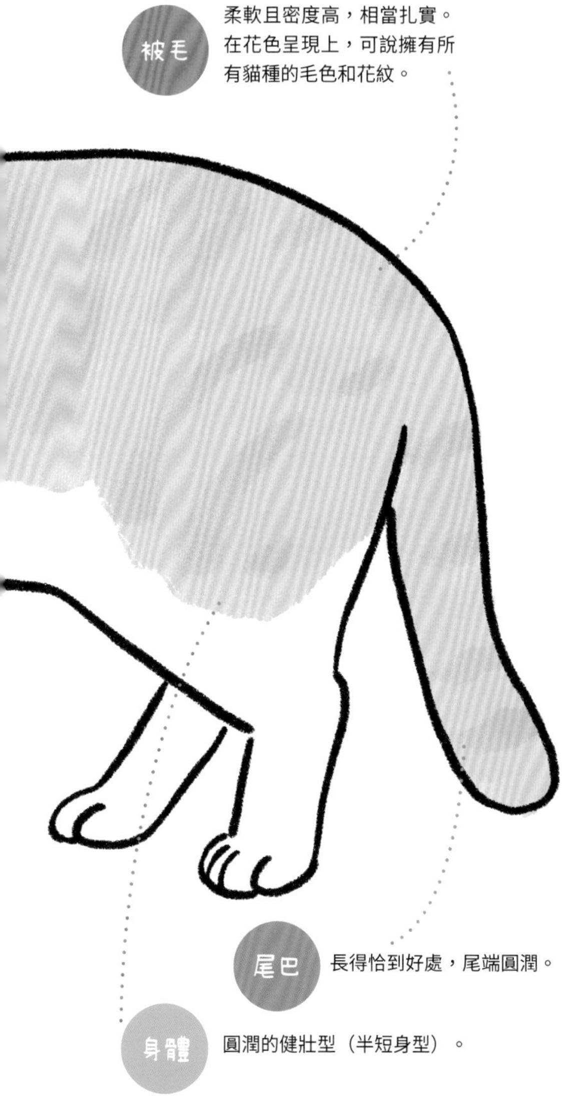
被毛
柔軟且密度高，相當扎實。在花色呈現上，可說擁有所有貓種的毛色和花紋。
尾巴
長得恰到好處，尾端圓潤。
身體
圓潤的健壯型（半短身型）。

| | | |
|---|---|---|
| 活動性（精力旺盛程度） | | ★★★☆☆ |
| 親人性（喜歡飼主程度） | | ★★★★☆ |
| 攻擊性（凶悍程度） | | ★☆☆☆☆ |
| 社交性 | （其他貓咪） | ★★★★★ |
| | （陌生人） | ★★★☆☆ |

**耳朵**

兩耳距離稍遠，依摺耳的情況而有三階段的名稱。

**頭部**

無論從哪個角度看都很圓潤。

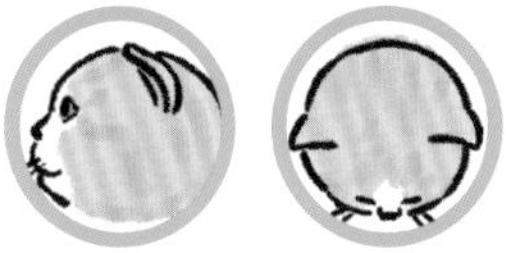


**眼睛**

又大又圓。顏色依被毛的顏色而定，五花八門。

**鼻子**

顏色依被毛的顏色而定，五花八門。

鬍鬚墊圓潤，下顎也豐滿。

**四肢**

有點短，但不至於極短，長度和軀幹的比例均衡，腳尖處圓潤。

**肉墊**

肉墊的顏色依被毛顏色而定，五花八門。皮膚顏色取決於和毛相同的黑色素量及平衡。

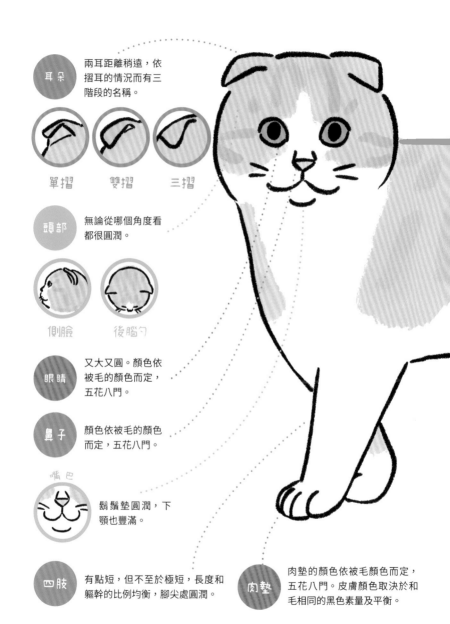

歷史

## 可愛的摺耳是突變?!

蘇格蘭摺耳貓起源於一九六一年。在某個農村的倉庫裡，有一隻擁有美麗長毛的白貓。那隻貓咪後來被命名為蘇西（Susie），據說牠的兩耳因突變而向前屈摺。不久之後，她生下的小貓之中，同樣有具摺耳特徵的貓咪，人們得以確認那種耳朵形狀，是遺傳性狀所致。從此之後，才開始受到計畫性地繁殖。

一九九四年，牠們以蘇格蘭摺耳貓（Scottish Fold，Fold 就是「摺」的意思）之名被登錄為品種貓，是非常新的品種。

被毛

## 從蘇西身上繼承的基因

除了短毛之外，也是有長毛（中長）的孩子，據說牠們都從祖先「蘇西」身上，繼承了長毛的基因。牠們的毛色和花紋十分多樣，說是擁有所有貓種的花色也不為過。所有的個體，也都有著圓潤的臉型及體型。

其代表性特徵的摺耳，並非源自完全的顯性基因。牠們剛出生時都是立耳，也有的會維持立耳成長；會變成摺耳的機率，約在30%左右。在立耳的情況下，品種名稱會變成蘇格蘭立耳貓。

## 貓咪的耳朵形狀有三種

立耳：又稱為摺立耳。貓咪一般的耳朵形狀。

摺耳：向前屈摺的耳朵，依屈摺的情況而定，分成鬆垮型和摺疊型。

捲耳：向後捲起的耳朵。又稱為反耳。

蘇格蘭摺耳貓的摺耳屬於品種特有。捲耳是在美國反耳貓身上能夠看到的耳朵。

亦依耳朵的位置分類

依品種而定，耳朵的位置也是一種特徵，像是兩耳距離遠（距離近）、耳根寬等。

## 完全變成摺耳的機率爲 30%左右

摺耳相關基因具有「不完全顯性」的性質。因此，摺耳這特徵也有各種程度上的不同，有的貓咪耳朵就要摺不摺（P87）。30％這數字，是僅統計完全摺耳的蘇格蘭摺耳貓的情況。

**立耳**
耳朵大小從中到偏小。

**摺耳**
出生後三週左右，耳朵開始向前摺。

**蘇格蘭立耳貓**
除了不是摺耳之外，和蘇格蘭摺耳貓一樣，全身圓潤。

**蘇格蘭摺耳貓坐姿**
蘇格蘭摺耳貓中常見且具特色的坐法。

性格

## 穩重而友善，非常好養的貓咪

據說蘇格蘭摺耳貓穩重且親人，是公認很好養的貓咪。若以毛的長度來判斷其性格，聽說長毛的貓較容易有傲嬌的傾向，想必牠們的祖先「蘇西」，也是隻氣質高傲的貓咪吧。

蘇格蘭摺耳貓大多既友善又愛玩，能和其他貓咪及小孩子們和睦相處。牠們的叫聲小，所以也適合在集合住宅裡飼養。由於運動量比其他品種來得小，許多飼主都覺得牠們相當乖巧。

健康

## 討喜坐姿的背後，其實別有隱情

牠們特有的摺耳，是因為從父母身上繼承了顯性遺傳疾病，軟骨骨質化發育異常所致。它會造成各種疾病，特徵是特別容易引發關節炎，其發病率為其他貓種的2.5倍，母貓更是公貓的1.5倍。由於牠們在遺傳上，骨頭並不強壯，如果可以的話，地板最好不要是木質地板，而是鋪地毯等。

此外，因為是摺耳，牠們的耳朵裡面容易悶熱，也時常有外耳炎的情況。平常要記得三不五時檢查一下，確認有無耳垢和異味等。

## 軟骨骨質化發育異常與純種貓

注意
關節炎
以伸直後腿坐的「蘇格蘭摺耳貓坐姿」聞名，但這種姿勢是為了緩和關節炎等問題帶來的疼痛。如果愛貓出現這種坐姿的跡象，記得馬上帶牠去診所檢查。
蘇格蘭摺耳貓
×
摺耳
曼赤肯貓
×
短腿
軟骨骨質化
發育異常
波斯貓
×
塌鼻
美國反耳貓
×
捲耳

這些品種特有的外觀也是軟骨異常所造成 [※]。
上述的貓咪大多會罹患關節炎。

## 友善貓咪腰腿的環境

對地板下工夫
在容易打滑的地板，
可鋪上地墊或地毯。

減輕負擔
遊玩時，要在抱枕、沙發或床上進行，以免造成腰腿負擔。

容易運動不足，所以要注意肥胖。
太胖會造成腰腿的負擔。

※ 近年來以歐洲為主，開始推動禁止繁殖和販售蘇格蘭摺耳貓。英國的 GCCF（The Governing Council of the Cat Fancy；貓迷管理委員會）自 1970 年代起就拒絕摺耳貓的品種登錄，比利時則是自 2021 年起遭到禁止。

# 挪威森林貓

大量濃密且蓬鬆軟綿的長毛

擁有用來在極寒森林存活的強壯骨骼，以及厚實的蓬鬆被毛。牠們是體格健壯，「愛玩」且「和善」的貓咪。

**尾巴** 長度和身體差不多，或者更長。尾端細，被毛豐厚濃密。

**身體** 胸部厚實，體格強壯魁梧。

**被毛** 被毛為雙層毛（P95），分別是厚實的底毛，以及防水的表毛。毛色和花紋五花八門。

| | | |
|---|---|---|
| 活動性（精力旺盛程度） | | ★★★★☆ |
| 親人性（喜歡飼主程度） | | ★★★★☆ |
| 攻擊性（凶悍程度） | | ★☆☆☆☆ |
| 社交性 | （其他貓咪） | ★★★★☆ |
| | （陌生人） | ★★★☆☆ |

頭部

兩耳和下顎之間，幾乎能連線形成漂亮的正三角形。

**耳朵**

有些前傾，在貓種中算大。有時也會長耳脊毛（耳朵尖端的長毛）。

**眼睛**

杏仁形大眼。顏色依毛色而定。

**鼻子**

顏色依被毛而定，同樣五花八門。鼻梁直挺。

**嘴巴**

下顎很圓潤，嘴形端正。

**下顎**

後腿比前腳長，高腰。

肉墊

腳尖又圓又大。肉墊之間長著大量的毛（腳底毛），據說是為了用來在雪上行走。肉墊的顏色依被毛而定，也是五花八門。

歷史

## 和北歐神話及維京有淵源的貓咪

挪威森林貓的祖先是森林裡的優秀獵人，誠如其名，牠們是生長於北歐挪威大自然裡的貓咪。據說牠們起源於很久以前，搭乘維京人的船環遊世界。

牠們體型偏大，有的公貓可達九公斤、母貓可達七公斤。因其體型大小，相對於大多數貓咪在出生後一至兩年，就能長成成貓，而挪威森林貓據說則要花上三至五年。對飼主而言，能夠欣賞牠們慢慢長大的身影，或許也是一種無上的幸福。

## 壯碩的體格

挪威森林貓
中型貓
大小
中型貓的體重為3～5公斤，所以挪威森林貓的大小將近其兩倍。
3～5公斤
7～9公斤
據說北歐神話中，重到神明舉不起來的貓咪就是挪威森林貓。

被毛

## 優美勇猛的極寒之地配備

挪威森林貓的身軀高大，一身毛絨絨的長毛，優美的身姿加上端正的五官，總給人一種高貴的印象，其實牠們可是勇猛無比的。牠們骨骼結實、被毛厚重，即使在極寒之地也能生存。

牠們濃密生長的毛有著雙層結構，分別是柔細鬆軟的底毛，以及有皮脂形成薄膜、防水性高的表毛。從肉墊露出的腳底毛（毛束），以及脖子周圍像是華麗圍巾的毛，都是為了防寒。

## 蓬鬆的祕密在於毛的雙重結構

**雙層毛**

挪威森林貓、布偶貓、俄羅斯藍貓等

**單層毛**

孟加拉貓、暹羅貓、新加坡貓

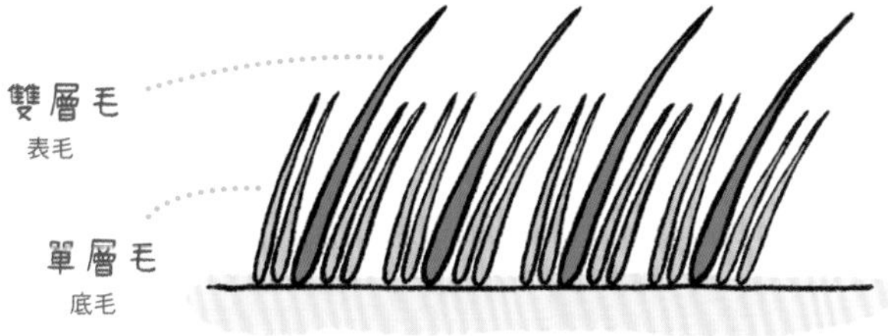
雙層毛
表毛
單層毛
底毛

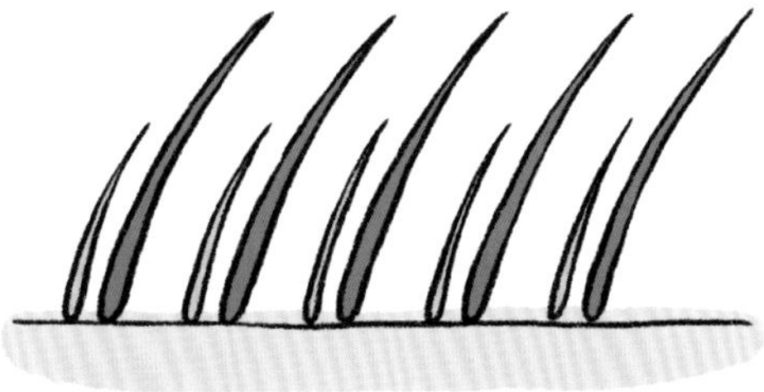

單層毛的貓咪也會同時長表毛和底毛，但是底毛的量非常少。大部分的底毛在換毛期會掉毛重長，因此雙層毛的貓咪感覺掉毛量較多。

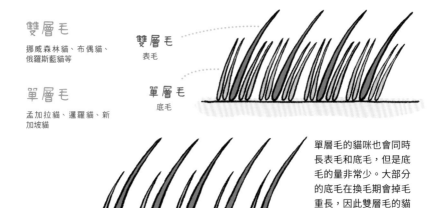

性格

## 溫和強健，非常愛玩的最佳朋友！

一般認為挪威森林貓是聰明、溫和的貓咪。牠們心情起伏不大，個性穩重，能夠和貓咪及人和睦相處，除了有孩子的家庭之外，應該也是首次養貓者的絕佳選擇。面對建立起信賴關係的飼主，牠們也有徹底撒嬌的一面。

雖然是長毛種，但是牠們活潑好動，畢竟源自挪威的森林，是擅長爬樹和狩獵的戶外派。在家中的高處，最好能提供可讓貓咪平靜下來的空間，比如貓塔和書櫃上面等。

健康

## 細心保養長毛很重要

關於健康方面，基本上，飼主們大多認為牠們身體強健。不過，考慮到壯碩的體格，對骨頭和關節相對容易造成負擔，因此對於肥胖問題不可輕忽，必須確實進行體重管理。

此外，長毛種也需要勤於理毛。長毛容易打結，因此必須每天梳理。尤其挪威森林貓的表毛皮脂多，容易髒，也建議要定期洗澡。若是髒汙累積，也可能會引發皮膚炎，要記得隨時保持清潔。

## 適合作爲第一隻貓

性格
聽明、溫和，所以適合作為第一次飼養的貓咪。


一般而言，長毛種在性格上常被說是慢郎中，但挪威森林貓較為活潑。尤其是幼貓時，最好能夠有一起遊玩的環境。

## 保持清潔的照料方法

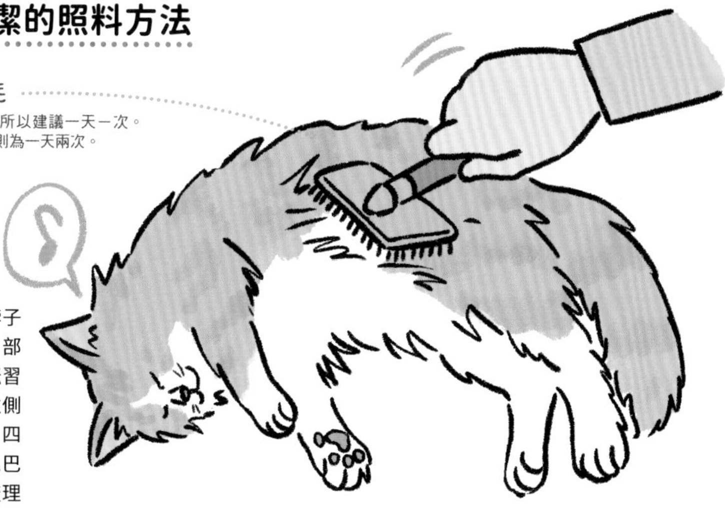

梳毛
長毛容易打結，所以建議一天一次。
春、秋的換毛期則為一天兩次。


梳毛時，從脖子往背部、腰部梳，等到貓咪習慣之後，再往側腹和腹部梳。四肢、臉部、尾巴比較敏感，梳理時請慎重留心。

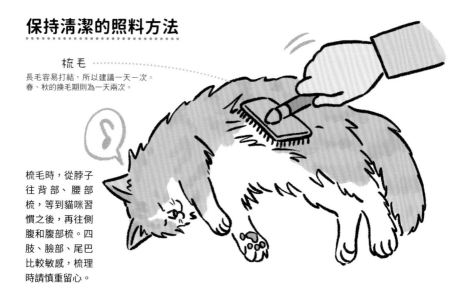

無論是短毛或長毛，
毛色都種類豐富

# 曼赤肯貓

似乎是短腿的代名詞，其實也有許多腿長的孩子。牠們是「好奇心旺盛」且「友善」的貓咪。

**尾巴** 長度幾乎和身體一樣。長毛種的尾巴毛絨絨的。

**身體** 骨骼健壯，肌肉發達，體型厚實。

| | | |
|---|---|---|
| 活動性（精力旺盛程度） | | ★★★★★ |
| 親人性（喜歡飼主程度） | | ★★★★☆ |
| 攻擊性（凶悍程度） | | ☆☆☆☆☆ |
| 社交性 | （其他貓咪） | ★★★★★ |
| | （陌生人） | ★★★★☆ |

**頭部** 圓潤，相對於身體，頭顯得有點大。

**耳朵**

呈尖端圓潤的三角形。

**眼睛** 圓滾滾，兩眼距離稍遠。顏色依被毛的顏色而定，五花八門。

**鼻子** 顏色依被毛的顏色而定，五花八門。

**嘴巴**

鬍鬚墊圓潤，下顎結實。

**四肢** 腳尖圓潤偏小。

**肉墊** 顏色依被毛的顏色而定，五花八門。

**被毛** 底毛的量為中等程度，觸感滑順柔軟。毛的長度依個體而定。

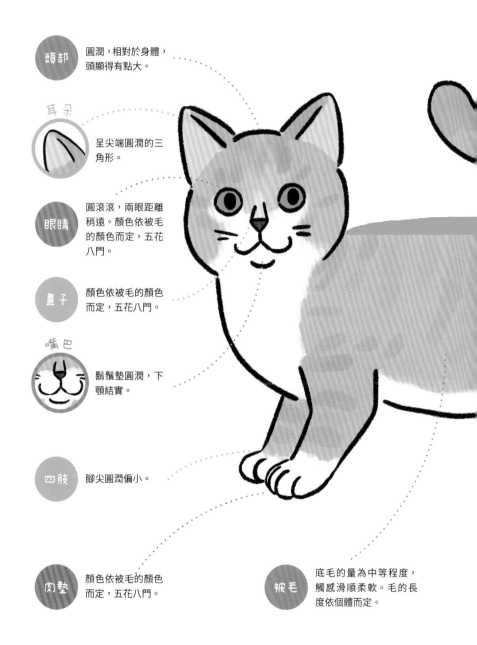

歷史

## 短腿的曼赤肯貓其實是稀有種

四肢短的貓咪是於一九四〇年代，首度在英國被人發現，據說是突變的緣故。後來在俄羅斯和美國也有人通報。然而直到進入一九八〇年代後，才正式開始培育。

據說該品種的名稱來自電影《綠野仙蹤》中的小矮人（英文為Munchkin）。

曼赤肯貓的腿短，走路搖搖晃晃的模樣惹人憐愛，但其實也有許多個體和一般貓咪一樣長腿。這是因為當父母雙方都是短腿時，很容易出現死產，所以基於道德考量，經常會讓短腿貓和長腿貓交配。

關於生出短腿小貓的機率，有人說是兩成，有人說是五成，其他則為一般長度，或者稍微偏短的中長腿。也就是說，根據腿長，曼赤肯貓可分為三種類型。

被毛

## 毛色花紋的種類豐富！

曼赤肯貓的被毛，可分成短毛和長毛（中長）。在牠們被認定為品種之前，也經歷過反覆各種交配，因此顏色和花紋多樣，甚至多到被說成「不存在相同花色」。不過，在曼赤肯貓群體中，幾乎看不到單色的孩子。

## 曼赤肯貓的外觀也各不相同

曼赤肯貓這種品種的貓咪，除了腿的長度之外，毛的長度和顏色、花紋及外觀的種類，也多到數不清。眼睛和肉墊的顏色也依據毛色而有不同。因此，能夠遇見全世界獨一無二的曼赤肯貓，或許也是牠們受到歡迎的祕密。

**以腳的長度分類**

有短腿、中長腿、長腿的貓咪。一般而言，貓的後腿比前腳長，但對於短腿的貓咪而言，其前腳和後腿的長度幾乎相同。

性格・健康

## 好奇心旺盛且愛玩，能和大家和睦相處！

曼赤肯貓大多開朗不怕生，所以無論是獨居、大家庭，或者有幼童或其他貓咪，基本上都沒問題。飼養之後，牠們想必馬上就會成為無可取代的家中一分子。當然，經常有客人來的家庭也不要緊！

不過，短腿歸短腿，但曼赤肯貓的肌力和其他貓咪別無二致，甚至穩定感出眾，也會想要爆衝、跳高。牠們是好奇心旺盛又非常愛玩的撒嬌鬼，所以每天和飼主互動乃不可或缺。能夠上下運動的支柱式貓塔等，可以有效預防運動不足的問題。最

### 熱鬧的環境也不要緊！

牠們非常愛跑來跑去，在集合住宅裡飼養的情況下，也可能造成鄰居困擾。最好下一番工夫，像是鋪地墊等，來降低腳步聲。

好思考一下如何打造環境，像是整理好家中布置，留出專門的活動空間，以免牠們跑來跑去吵到鄰居。

此外，還請注意要避免牠們變得肥胖，尤其是短腿型的曼赤肯貓。因為光是變得胖一些，就會對牠們的腰部造成過度的負擔，而腰部受損對於牠們的步行能力會有直接的影響。最糟的情況下，還可能發生椎間盤突出的問題。

牠們是平常靜不下來的貓咪，為了讓牠們能一直開心健康地過日子，需要確實管理牠們的進食量和運動量。

## 太胖會造成腰腿的負擔！

除了椎間盤突出之外，曼赤肯貓需要注意的疾病還包括「軟骨骨質化發育異常」(P91)。腳的關節處會形成伴隨疼痛的骨瘤，但這是遺傳性疾病，所以沒有絕對有效的預防對策。

疾病

若是體重增加太多，就會對腰腿造成負擔，造成椎間盤突出。

特徵爲重點色的
淡色長毛

# 布偶貓

牠們愛抱抱的程度不辱此名。性格「穩重」且「堅忍不拔」，不論小孩子還是老人家，都適合同住。

**尾巴** 長度幾乎和身體一樣，尾端細。毛蓬鬆。

**身體** 貓咪中最大等級的骨骼，肌肉發達。

**被毛** 底毛偏少，滑順的雙層毛（P95）。

| | | |
|---|---|---|
| 活動性（精力旺盛程度） | | ★★☆☆☆ |
| 親人性（喜歡飼主程度） | | ★★★★★ |
| 攻擊性（凶悍程度） | | ☆☆☆☆☆ |
| 社交性 | （其他貓咪） | ★★★☆☆ |
| | （陌生人） | ★★★☆☆ |

**頭部** 圓潤，稍微偏大。

**耳朵** 尖端圓潤的三角形。稍微前傾。

**眼睛** 杏仁形至雞蛋形的大眼，有點鳳眼。顏色是美麗的藍色。

**鼻子** 鼻子為粉紅色、棕色。

**嘴巴** 豐滿的鬍鬚墊。下顎結實。

**四肢** 長得剛好，後腿比前腳稍長。

腳尖圓而大。肉墊為粉紅色。毛束（腳底毛）從肉墊露出。顏色大多和鼻子相同。

歷史

## 絨毛玩偶般的牠，其實來歷不明

布偶貓在英文裡名為「ragdoll」，是布製絨毛玩偶的意思。顧名思義，這種貓咪著有大大的身體、外表毛絨絨的，性格非常平穩溫和，最喜歡被抱。

關於布偶貓的起源眾說紛紜，但是牠們並非突變或自然產生的物種，而是經由人為培育所產生的雜交種。主流說法是一九六〇年代，美國加州的繁殖者嘗試培育，漸漸從那裡普及開來。相傳是讓波斯貓（P122）、伯曼貓和緬甸貓等交配。這時期的美國，盛行貓咪的異種交配，產生

## 最愛抱抱

如絨毛玩偶般

牠們會乖乖待在懷裡，平靜地被飼主抱抱。

因爲是大型貓，所以成長比其他品種慢，據說會花四年左右，慢慢長成成貓。其中也有的體型壯碩，體重超過十公斤。

## 布偶貓的百變花紋

臉的中間、手腳和尾巴等身體的末端有深的顏色。

下顎、腹部和腳尖為白色。簡直像是只有腳尖踩進白色顏料中，有些許白色花紋。

白毛的面積比手套色多，有色和白色的部分分明。從腳尖至腹部為白色，臉部為中分。此外，若是白毛的範圍大，則稱為「梵雙色」。

隱性 C 基因有四種，分別是只有臉部和尾巴的毛色變深的暹羅貓型（$c^s$）（P149）、軀幹也有深色的緬甸貓型（$c^b$）、全身的顏色消失的白化症型（c）、眼睛爲藍色的白化症型（$c^a$）。

顏色呈現方式的名稱

山貓色

有顏色的部分為條紋花色。

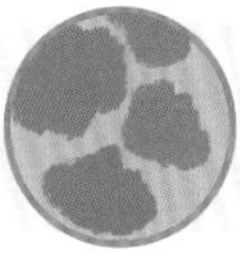

玳瑁色

有色部分混合兩種顏色。

出許多如今廣為人知的品種。

被毛

### 淺淺的毛色 源自C基因的變異型

布偶貓的毛色，在幼貓時為整體白色，並隨著逐漸成長而出現雙色、重點色和手套色等特徵。無論是哪種花色，布偶貓的毛色始終偏淺，這是隱性C基因（變異型）的作用所致。顏色出現的方式，會依隱性基因的種類而有所不同，但在布偶貓身上，只有身體的某部分，像尾巴的尾端等處，會顯現出顏色。

## 抱在懷裡有夠重！

愛撒嬌的布偶貓在抱抱時，會將身體靠在抱牠的人身上。牠們身體壯碩，骨骼厚實且肌肉發達，屬於體長健壯型（左頁）。

感覺沉甸甸的。不過，其重量感或許和飼主的幸福感呈正比吧。

總歸來說，牠們溫和且順從，鮮少展現貓咪任性的一面，堪稱堅忍不拔。牠們也很少激烈嬉戲，所以也適合和老年人或幼童一起生活。

不過，雖說溫馴，但牠們擁有貓咪中最大等級的體格，需要的運動量也大。為避免牠們沒有活動到筋骨，需要每天好好陪牠們玩耍，並確保家裡有能讓牠們自己跑來跑去的空間。在有設置貓塔的情況下，最好選擇穩定的低矮造型，以便能確實支撐牠們重量級的體重。

牠們的遺傳性疾病少，但如果祖先裡有波斯貓的血統，那麼也就無法排除罹患肥大性心肌病（P79）的風險。首要之事，也是需要用心管理運動量和進食量，避免牠們過於肥胖這點很重要。此外，為了防止長毛種特有的皮膚炎和毛球症，每天梳毛（P97）也是不可或缺的。

## 性格溫和、不活潑

### 性格沉穩

不愛激烈嬉戲，所以也很適合只有夫妻兩人這樣的平靜家庭環境。

需要的運動量大，但是不會積極地活動。飼主最好和牠們一起遊玩，確保運動量。

## 貓咪的體型有六種

貓咪的體型能夠分成六種。純種貓的標準體型按照品種決定。

### 短身型

矮胖豐滿的體型。手腳和軀幹短，尾巴也短。整體圓潤。
例：異國短毛貓、波斯貓、緬甸貓、喜馬拉雅貓、曼島貓

### 半短身型

手腳和尾巴比短身型稍長。體格也更結實一些。
例：美國短毛貓、英國短毛貓、蘇格蘭摺耳貓、新加坡貓

### 外國型

精瘦。擁有修長體格和些許圓潤感。相對於臉部，耳朵頗大。
例：俄羅斯藍貓、阿比西尼亞貓&索馬利貓

### 半外國型

介於短身型以及東方型之間的體型。
例：曼赤肯貓

### 東方型

最苗條的體型。手腳、軀幹和尾巴修長。下顎小，耳朵大。
例：暹羅貓

### 體長健壯型

比起其他體型，身體格外壯碩。骨頭粗壯結實，也有體重將近十公斤的品種。
例：緬因貓、挪威森林貓、布偶貓

# 緬因貓

數度被登錄爲「全世界最長的貓」的巨貓

美國最古老的貓咪品種，有著華麗蓬鬆的被毛。因「穩重」且「溫和」的氣質，被稱爲溫柔的巨人。

**尾巴** 比身體長。根部粗，尾端細，毛絨絨。

**身體** 大型。肩膀和腰部同寬，呈長方形。是除了「全世界最長的貓」之外還擁有眾多金氏世界紀錄的品種。

**被毛** 有底毛但量少。表毛具有撥水性。長短不一的長毛被稱為「鋸齒毛」。

| | | |
|---|---|---|
| 活動性（精力旺盛程度） | | ★★☆☆☆ |
| 親人性（喜歡飼主程度） | | ★★★★★ |
| 攻擊性（凶悍程度） | | ★☆☆☆☆ |
| 社交性 | （其他貓咪） | ★★★★☆ |
| 社交性 | （陌生人） | ★★★☆☆ |

**頭部** 偏大，偏長臉。

**耳朵** 大耳，根部寬。尖端尖。

耳朵尖端有著名為耳尖毛的飾毛。

**眼睛** 雞蛋形的大眼，兩眼距離稍遠。顏色依被毛而定，五花八門。

**鼻子** 依毛色而定，有各種顏色，像是粉紅色和橘色等。

鼻梁有和緩凹入的曲線。長相十分相似的挪威森林貓無此曲線。

**嘴巴** 特徵是從側面看口鼻為長方形。下顎結實。

**四肢** 肌肉結實偏粗壯。四肢不會太長也不會過短，很強健。

腳尖圓又大，毛束（腳底毛）蓬鬆。肉墊的顏色依被毛顏色而定，五花八門。

歷史

## 在大自然中存活至今，美國最古老的貓咪

緬因貓打從貓咪秀的黎明期就開始活躍，是美國最古老的品種之一[※]。其英文名「Maine Coon」，即「緬因州的浣熊」，自然也被認定為緬因州的州貓。

關於其起源眾說紛紜，像是緬因州的土貓和來自歐洲的長毛種交配、貓咪和浣熊所生等等。其中最有名的說法，和法國皇后瑪麗・安東尼有關。遭遇法國大革命的她本打算逃亡至緬因州，而她先行送來安置的貓咪，可能就是緬因貓的祖先。

### 原產自美國緬因州的貓咪

緬因州

面向大西洋。緬因貓的祖先或許是渡海而來。

州貓

被指定為緬因州的州貓。

美國原產的貓咪眾多，但是被冠上州名的只有緬因貓。

※ 美國原產的古老品種還有美國短毛貓等。

## 和挪威森林貓的區分方法

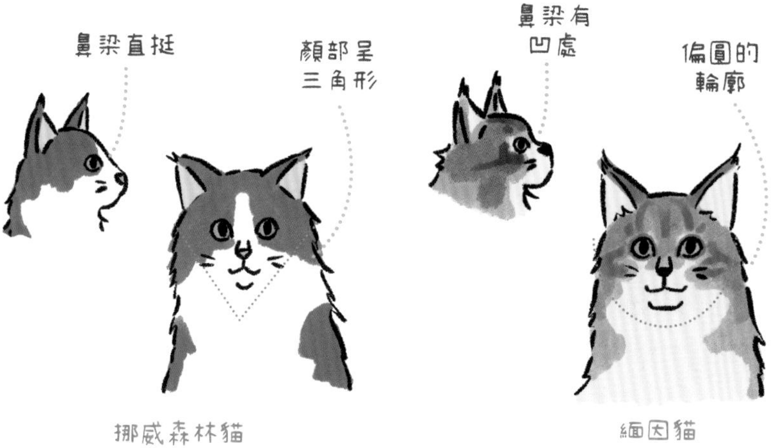
鼻梁直挺
顏部呈三角形
鼻梁有凹處
偏圓的輪廓
挪威森林貓
緬因貓

兩者的共通點爲大型種和長毛種，但是外觀有差異。

被毛

### 身體和尾毛都長而蓬鬆

緬因貓要長成成貓，需要三年左右，是體長長達一公尺的大型種。長長的尾巴也是其特徵。肌肉結實的身體，覆蓋著中長的華麗被毛，其身姿體現出在美國東北部嚴峻大自然中存活至今的健壯與優美。

緬因貓的毛色和花紋種類繁多。看起來長短不一的毛尾被稱為「鋸齒毛」，是在少量的底毛上，覆蓋大量的表毛而形成。

## 能夠和大家變成朋友

溫和而友善，正是緬因貓的最大特徵，也讓牠有了「溫柔的巨人」這個別名。和人們相處得好，這點自是不在話下，牠們更能夠和其他貓咪和狗都建立友好關係，因此也能適應任何家庭環境。一般認為，緬因貓非常聰明，容易管教。

牠們身體壯碩，體力也好，所以必須確保能夠充分遊玩的空間，在成長期尤其如此。普遍來說，牠們性情溫馴，不過母的成貓更為活潑，公的成貓則較穩重。比起爬到高處，牠們大多更愛待在地面，在要設置貓塔的情況下，牠們或許會更喜愛低矮的類型。

為了維持牠們壯碩的身軀，要記得餵食高蛋白的飼料。避免牠們肥胖也很重要，以免造成骨頭和關節的負擔。進食量和運動量最好也要加以管理，並打造不易造成壓力的環境，協助牠們維持健康〔※〕。

此外，長毛種容易有毛髮打結的情況，所以也需要勤於保養（P97）。為保持美麗的毛色，也為了和牠加深交流，還請務必每天不間斷地幫牠梳毛和理毛。

※ 有報告指出在遺傳上，容易罹患肥大性心肌病和多囊性腎病變等疾病，但是無法預防。

## 對大家溫和又友善

和狂野的外貌相反，性格溫和穩重，被稱為「溫和的巨人」。叫聲也偏小。

喵～
飼養多隻
和其他貓咪也感情融洽。
性格
能和男女老幼、狗狗和睦相處。

## 悠哉的大型種容易生活的環境

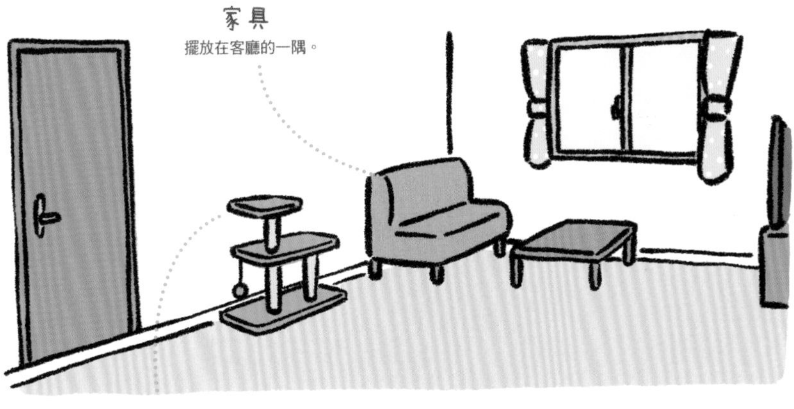
家具
擺放在客廳的一隅。
貓塔
建議穩定的低矮固定式。

為了讓牠們能夠自由活動壯碩的身體，確保寬敞的空間，牠們就不易累積壓力。

不止藍色！淡色率高的短毛種

# 英國短毛貓

擁有被稱爲英國藍的美麗被毛，以及有份量的體格。牠們「重感情」，但也有「喜愛孤獨」的一面。

**尾巴** 長約身體三分之二左右，偏短。根部粗，強而有力。

**身體** 屬中～大型，有份量的半短身型（P109）體型。

| | | |
|---|---|---|
| 活動性（精力旺盛程度） | | ★★★☆☆ |
| 親人性（喜歡飼主程度） | | ★★★★★ |
| 攻擊性（凶悍程度） | | ★★☆☆☆ |
| 社交性 | （其他貓咪） | ★★★☆☆ |
| | （陌生人） | ★☆☆☆☆ |

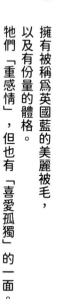

**頭部** 偏大，無論從任何角度看都圓潤。

**耳朵** 偏小。兩耳間的距離偏遠。

**眼睛** 又大又圓，兩眼距離偏遠。顏色大多是金色和銅色，依被毛而定。

**鼻子** 顏色依被毛而定，五花八門。

**嘴巴**

鼻腔敞開，鬍鬚墊圓潤豐腴。

**下顎**

公貓的特徵為雙下巴。

**四肢** 偏粗、偏短。和身體的比例形成無法言喻的喜感。腳尖圓潤偏大。

**肉墊** 顏色依被毛的顏色而定，五花八門。

**被毛** 短毛的雙層毛。毛濃密厚實，有光澤。

## 柴郡貓的原型，就是英國短毛貓

柴郡貓　虛構的貓咪，面露賊笑，會說話，能讓身體消失。

據說威風凜凜的英國短毛貓的外型是路易斯・卡羅的兒童文學《愛麗絲夢遊仙境》中的柴郡貓的藍本。

歷史

### 《愛麗絲夢遊仙境》中柴郡貓的藍本！

英國短毛貓誠如其名，是英國的貓咪，而且是其中最古老的品種之一[※]。

有份量的體格、圓潤的臉型、如絨毛玩偶般的短腿，種種外型特徵讓英國短毛貓看起來十分討喜。牠們本是英國歷史悠久的土貓，據說是在二十世紀初和波斯貓雜交後，形成如今的體型。

貓不可貌相，牠們的運動能力其實相當出眾。這也難怪，牠們從前可是身為可靠的獵人，保護農作物免受害獸侵害，在全英國大展身手。

※ 英國原產的貓種還有蘇格蘭摺耳貓（P86）、波斯貓（P122）等。

被毛

## 淡色的被毛源自於隱性D基因（變異型）

英國短毛貓的被毛短，且宛如天鵝絨般乾爽滑順。牠們的顏色以藍色（灰色）最為有名，有英國藍之稱。

牠們偏淡的毛色，源自於D（稀釋）基因（變異型，P82），該基因會妨礙色素被運送至毛尾的過程。牠們也是有藍色以外的毛色和花紋，但即便是褐色系的毛色，也大多是因D基因（隱性），使得淺色（奶油色）顯現。在純種貓的公認團體中，會將其長毛種登錄為「英國長毛貓」。

## 因D基因（變異型）的作用，大多毛色偏淡

奶油色
若是擁有顯性O（橘）基因，就會變成褐毛，若是加上dd，褐色就會變淡，形成奶油色。
藍色
因顯性B（黑）基因而產生黑毛，若是加上dd，黑色就會變淡，形成藍色（灰色）。

英國短毛貓經過異種交配，有各種毛色（顏色）和花紋（模式）的貓咪。稀釋三花貓是擁有三種毛色的貓咪多了D基因（一對隱性d），亦廣受歡迎。

性格

## 穩重且重感情，獨立性也強

英國短毛貓是較大型的貓咪，約要兩年時間，才慢慢長成成貓。牠們繼承祖先的血統，擁有高度狩獵能力，但大多性格穩重，深愛家人且忠實。一旦和飼主建立信賴關係，就一輩子不會動搖。不過，牠們害怕過度的肌膚接觸，也不太喜歡抱抱。給予牠們獨處的時間也很重要。

牠們獨立性強且沉穩，相對擅長看家。即使是第一次養貓的人，或者獨居、有幼童的家庭也能安心飼養。牠們害怕外人，所以常有客人上門的家庭必須稍微注意，以免對牠們造成太大的壓力。

健康

## 身體圓潤壯碩，難以察覺肥胖

狩獵能力高的同時，也代表牠們有著較高的肌肉量。為了維持肌肉，也就需要攝取高蛋白質，並有足夠的運動量。可以用逗貓棒等跟牠們玩或準備貓塔等。最好也替牠們準備方便大量運動的環境。生性安靜的牠們，其實容易運動量不足。

公貓大多有雙下巴，雖然很可愛，但是千萬要注意，別讓牠們太胖囉。

## 獨自看家也 OK

獨處時光
獨立性強，所以讓牠們看家也安心。

讓貓咪看家時，為防止人不在家時發生意外，需要採取對策，
像是限制移動的空間、收好會被誤食的物品等。

## 雙下巴很可愛，但別讓牠們胖太多

下顎
過度的雙下巴，是過胖的訊號。
脖子
比其他品種短。

貓咪也有血型（A 型、B 型、AB 型）。A 型的貓咪占絕大多數，但英國短毛貓有 B 型較多的趨勢。需要輸血時，事先知道血型就會比較安心。

「貓咪之王」，擁有可愛的
五官和絲綢般的毛

# 波斯貓

被毛量貓界第一！
獨特的塌鼻臉加上「文靜溫馴」的性格，
在全世界受人喜愛。

**尾巴**　相對於身體，偏粗又短。蓬鬆的長毛，份量十足。

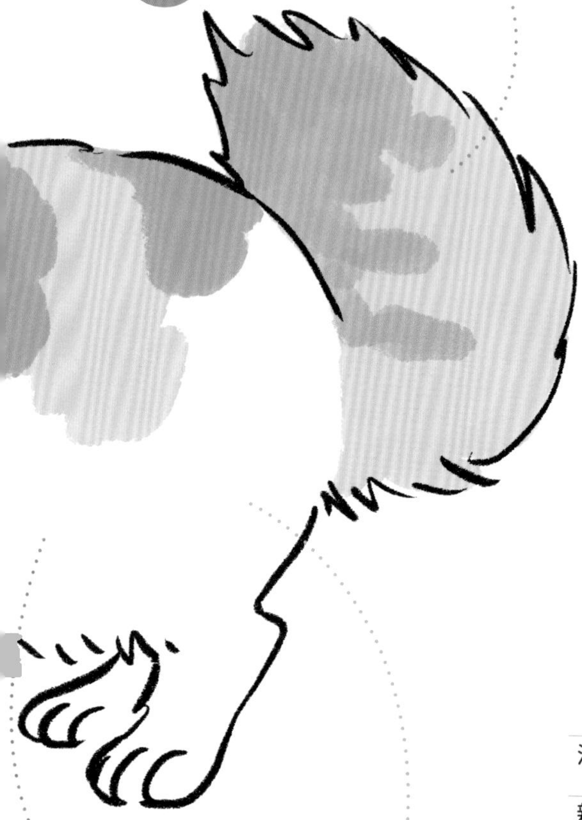

**身體**　中型結實的體型。體長短而寬，分類上屬於短身型（P109）。

**被毛**　被毛量多且蓬鬆，宛如絲綢般滑順。

| | | |
|---|---|---|
| 活動性<br>（精力旺盛程度） | | ★★☆☆☆ |
| 親人性<br>（喜歡飼主程度） | | ★★★★☆ |
| 攻擊性<br>（凶悍程度） | | ★☆☆☆☆ |
| 社交性 | （其他貓咪） | ★★★☆☆ |
| | （陌生人） | ★★☆☆☆ |

**頭部** 中～偏大。圓潤而寬闊。

**耳朵** 比日本貓等小，耳尖圓潤。兩耳距離遠也是特徵。

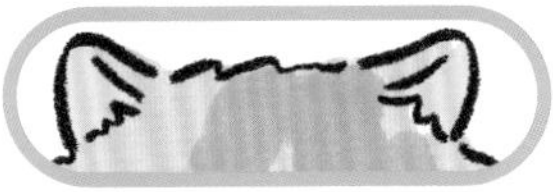
波斯貓

日本貓

**眼睛** 又大又圓，兩眼距離稍遠。顏色依被毛而定，五花八門。

**口鼻**

口鼻低而寬，鼻腔敞開朝上。鼻子顏色依被毛而定，五花八門。

**四肢** 腿偏短，但是骨骼強健，肌肉發達。腳尖圓潤偏大。

**肉墊** 顏色依被毛而定，五花八門。

歷史

## 華麗且高貴的波斯貓，是世界最古老的品種之一

全世界最古老的品種之一，甚至有一種說法：西元前的象形文字中所描繪的長毛貓，可能就是波斯貓。

其起源尚不確定，之所以有「波斯」之名，據傳是由於牠本是從前波斯帝國（如今的伊朗）的交易品，是從那裡開始遍及世界各地。然而，根據近來的基因研究，另有一種說法是其起源為西歐。有紀錄指出，牠們在十八世紀的歐洲上流社會被當作寵物，且是在英國的貓咪秀中首次亮相。

### 受到上流階級喜愛的貓咪

身價不凡

波斯貓受到西歐的貴族喜愛。

牠們和閃閃發亮的珠寶、貴金屬及貴重的辛香料等一樣是貴重品。

被毛

## 透過品種改良而產生的各種花色

據說，波斯貓是長毛種中毛量最多的，被毛又長又細，而且還很滑順。顏色以單一白色為主流，但是自二十世紀從英國進口至美國之後，經過了品種改良，誕生出許多不同毛色的波斯貓[※]。

就像有名的「金吉拉」，其實並不是貓咪的品種，而是指波斯貓的一種花色。其特徵是只在毛的尖端處，有著深色的「毛尖色」。這其中，又以白毛搭配黑色毛尖的銀色金吉拉，格外受歡迎。

## 波斯貓的各種毛色

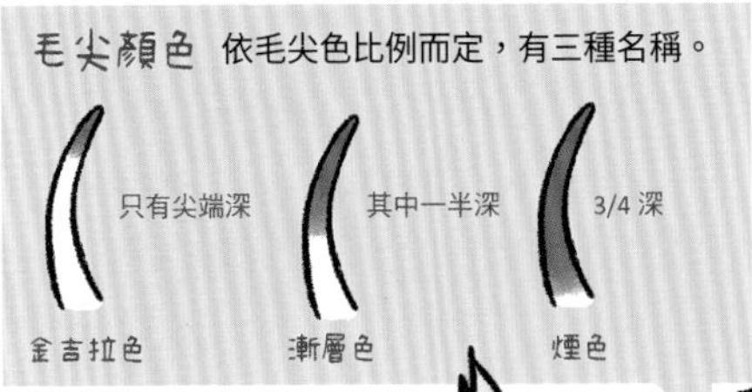
毛尖顏色 依毛尖色比例而定，有三種名稱。
只有尖端深
其中一半深
3/4 深
金吉拉色
漸層色
煙色

銀色金吉拉貓
雙色貓

波斯貓的花色樣式，除了單色之外，亦有虎斑（條紋）、雙色和三花等。毛色除了白色、藍色、紅色、奶油色外，還有銀色和金色等。

※ 在牠們渡海至美國之後，人們讓波斯貓和其他貓種交配，也從而誕生出許多其他的純種貓，像是喜馬拉雅貓、異國短毛貓和拿破崙貓等。

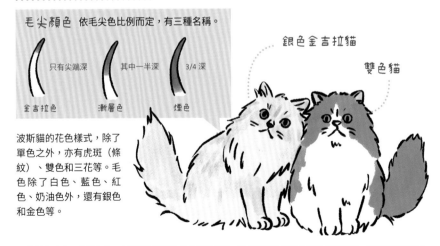

性格

## 落落大方、溫馴，容易飼養的貓咪

基本上，波斯貓文靜溫馴，穩重大方，可說是非常容易飼養的貓。雖然幼貓時期不在此限，但長成成貓之後，就不太會吵鬧了。牠們的叫聲也小，所以也適合在集合住宅中飼養。

牠們喜愛在寧靜的環境中，獨自享受安穩時光，所以如果是在大家庭裡被不停逗弄，或許會讓牠們容易累積壓力。不過，牠們性格溫和不暴躁，所以在不分品種、同時飼養多隻的環境裡也沒有問題。

## 害怕人多，但是多隻貓咪 OK

據說毛色呈金色和銀色的波斯貓，性格特別活潑，自尊心也高。

## 不擅長待在高處

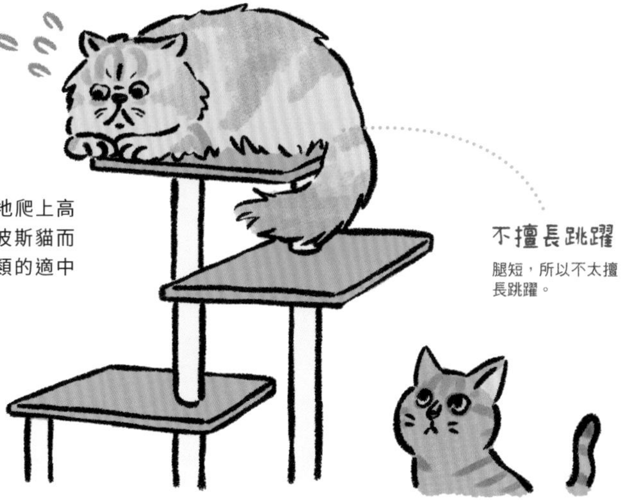
牠們不會積極地爬上高的地方。對於波斯貓而言，有沙發之類的適中高度就已足夠。
不擅長跳躍
腿短，所以不太擅長跳躍。

健康

### 比起高的地方，更愛寬闊的空間

波斯貓的運動能力相對普通。雖然體型健壯，但是四肢偏短，所以不擅長跳至高處。比起上下運動，最好還是有能讓牠們跑來跑去的空間。為了避免運動量不足，還請顧慮到這一點。

為了維持美麗的被毛，也要記得勤於梳毛（必要時也得洗澡）。此外，還需要提供營養均衡的飲食，這不僅有助於保持牠們毛色的光澤，對於預防肥胖這點來說，也非常重要。

唯獨這種貓咪，
擁有「玫瑰斑紋」

# 孟加拉貓

石虎和家貓的雜交種，
擁有令人印象深刻的豹紋被毛。
和野性的外觀相反，相當「愛撒嬌」！

**尾巴** 中等長度，越到尾端越細。

**身體** 身軀長，肌肉結實，體格健壯。

**被毛** 豹紋被毛濃密，絲滑柔順。單層毛，因此掉毛較少。

| | | |
|---|---|---|
| 活動性（精力旺盛程度） | | ★★★★★ |
| 親人性（喜歡飼主程度） | | ★★★★★ |
| 攻擊性（凶悍程度） | | ★★★☆☆ |
| 社交性 | （其他貓咪） | ★★★★★ |
| | （陌生人） | ★★★★☆ |

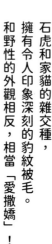

**耳朵**

偏小的三角形。相對於頭部，顯得稍微前傾。

**眼睛**

雞蛋形的大眼，兩眼距離稍遠。眼睛的顏色為金色或綠色。在雪色毛色的情況下，眼睛也可能呈藍色。

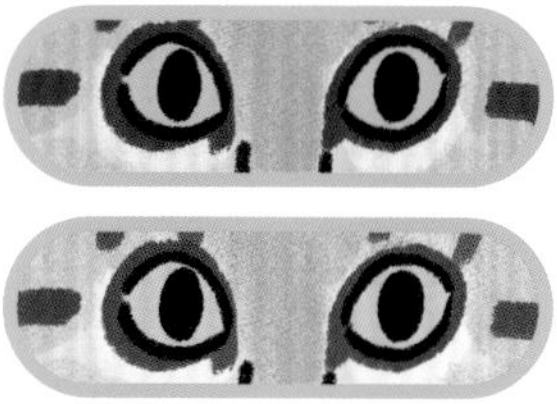

**鼻子**

又寬又大，結實。顏色為粉紅色、紅磚色、黑色等。

**嘴巴**

擁有寬闊的口鼻和強健的下顎。

**下顎**

長度普通，特徵為後腿較長。腳尖又圓又大。突出的關節感覺頗具野性。

肉墊的顏色大多和鼻子顏色一致，但也是有不一致的情況。

歷史

## 斑貓和家貓的混種

孟加拉貓擁有迷人的豹紋和美麗的毛色。其品種的誕生，還要回溯至一九七〇年代的美國。當時為進行白血病的相關研究，研究人員讓亞洲豹貓（石虎）這種不易罹患白血病的山貓和家貓配種。而後，又反覆與各種貓咪交配，才有了如今的孟加拉貓。

雖然在花色上都統稱為「豹紋」，但是其花紋出現方式，會依個體而有所不同，像是有斑點狀或大理石花色等。

## 結合野生山貓和家貓的血統

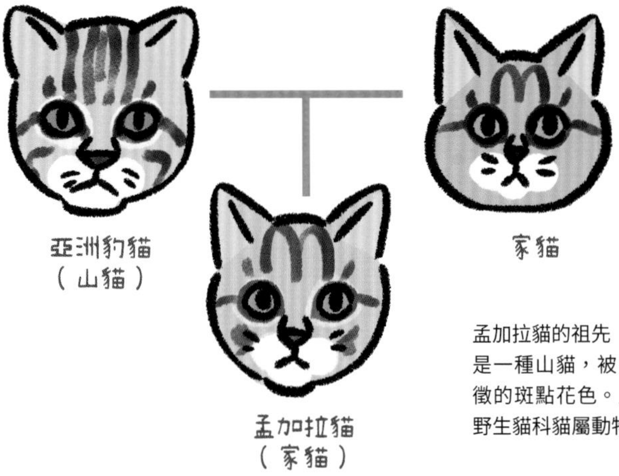


孟加拉貓的祖先「亞洲豹貓」是一種山貓，被毛有著具特徵的斑點花色。此處山貓是野生貓科貓屬動物的總稱。

被毛

## 絕無僅有的豹紋

孟加拉貓身上那深色鑲邊的斑點，被稱為玫瑰斑紋。在家貓之中，也只有孟加拉貓擁有這種花色。其顏色以棕色為主流，但是近來也有銀色或雪色的被毛。牠們一般都是短毛，不過也是有長毛的「孟加拉長毛貓」。

孟加拉貓的各種花紋差異，好像不是因為特定一種基因的作用。根據最新的研究，發現牠們擁有的A基因（P18），和祖先「亞洲豹貓」（石虎）相同。

### 具有特徵的「豹紋」

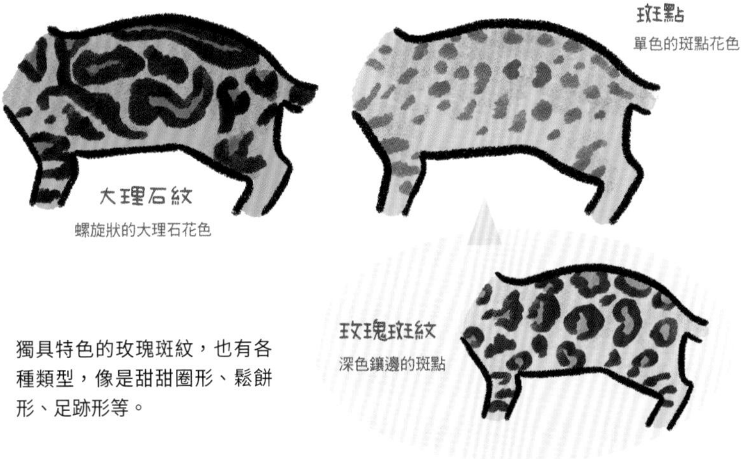
斑點
單色的斑點花色
大理石紋
螺旋狀的大理石花色
玫瑰斑紋
深色鑲邊的斑點

獨具特色的玫瑰斑紋，也有各種類型，像是甜甜圈形、鬆餅形、足跡形等。

## 兼具山貓的運動量，以及家貓的親和力

孟加拉貓的被毛花紋和體能，好像都徹底繼承了山貓的血統。總而言之，牠們活潑且運動量大。除了跑來跑去之外，也最愛上下運動。

另一方面，牠們性格溫和，愛撒嬌。據說因為至今和許多家貓交配，所以性情上也變得適合和人們一起生活。許多孟加拉貓都重感情且親人，即使是大家庭或有幼童的家庭也沒問題。牠們能成為很好的家人和玩伴，面對其他貓咪及狗狗，也能和睦相處，因此也適合飼養多隻的環境。

孟加拉貓的臉部呈現細長的倒三角形（P83），所以總會讓人以為牠們是苗條型的貓咪，其實牠們的身體強而有力，體格健壯。尺寸上屬中～大型，公貓有時最多會成長至八公斤左右。

孟加拉貓不僅以其可愛的豹紋聞名，其被毛觸感也相當絲滑柔順。記得為牠勤於梳毛，是保持其美麗的祕訣。

此外，孟加拉貓也以不討厭水的貓咪而為人所知。一般而言，貓咪是怕水的生物，但孟加拉貓的祖先「亞洲豹貓」卻很喜歡水，甚至能捕捉水中的獵物。可能也是因為這樣，讓孟加拉貓也不怎麼怕水。

## 適合其野性的環境

環境
最好有十分寬敞的空間和
貓跳臺，或者高的貓塔等。

牠們並非喜歡尋求肌膚接觸的性格，但最愛與人互動、一同嬉戲。適合能盡情遊玩的家庭。

## 不怕水

玩水
大多並不怕水，能
夠不費力地幫牠們
洗澡。

雖然貓咪大多怕水，但也是有少數喜歡水的品種。除了孟加拉貓外，還有緬因貓（P110）、阿比西尼亞貓（P134）、索馬利貓（P135）、新加坡貓（P152）等。

# 阿比西尼亞貓&索馬利貓

這兩種貓咪都有著光滑被毛和柔美體態，除了毛的長度外，其餘特徵幾乎相同。體能出眾，「活力十足」，聲音卻小而可愛，也是牠們的特徵。

**尾巴** 根部粗，尾端細。阿比西尼亞貓的尾巴呈細而柔美的形狀，索馬利貓的尾巴則像狐狸一樣毛絨絨的。

**身體** 苗條柔美，肌肉結實。體格是修長的外國型（P109）。索馬利貓乍看很有份量，等你抱起來後才會訝異牠們有多麼纖瘦。

| | | |
|---|---|---|
| 活動性（精力旺盛程度） | | ★★★★★ |
| 親人性（喜歡飼主程度） | | ★★★★★ |
| 攻擊性（凶悍程度） | | ★★☆☆☆ |
| 社交性 | （其他貓咪） | ★★★☆☆ |
| | （陌生人） | ★★★☆☆ |

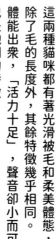

**耳朵**

尖端圓潤，根部寬而大。

**眼睛**

杏仁形的大眼。眼框處有深色眼線。眼睛顏色為銅色、綠色和金色。

**鼻子**

鼻子大多是橘色和褐色。

**嘴巴**

口鼻稍微鼓起，線條滑順。下顎圓潤。

**四肢**

又細又長，肌肉發達。腳尖（爪子）小，站立時看起來彷彿踮著腳尖般。

**肉墊**

依毛的顏色而有所不同，呈黑色～棕色。若毛色為藍色系，就會呈粉紅色或淺棕色。

**被毛**

皆為柔軟的雙層毛與美麗的多層色（單根毛上有多色條紋）。阿比西尼亞貓為短毛，索馬利貓為長毛（中長）。

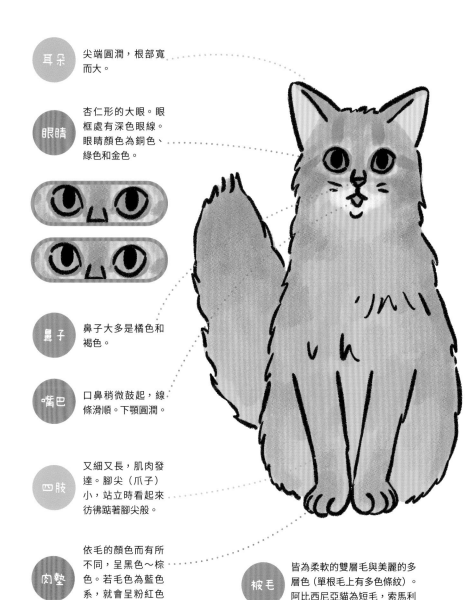

歷史

## 阿比西尼亞貓和索馬利貓，其實是同一種貓?!

阿比西尼亞貓擁有柔美的身軀和大大的眼睛，小小的腳尖走起路來，彷彿在跳舞一般，因此也有著「芭蕾貓」的別名。

牠們神似古埃及壁畫上描繪的貓神，據說是最古老的家貓之一，然其正確的起源如今依然是個謎。目前為止的主流說法是，牠們是被人從阿比西尼亞（如今的衣索比亞）帶回到英國的貓咪；但根據近來的基因調查，其起源於印度或東南亞這種說法，變得越來越有可能。

一九一七年，阿比西尼亞貓於美國被認定為品種。直到半個世紀後，索馬利貓才被認定為品種。

起初，人們發現阿比西尼亞貓常常生出突變的長毛種小貓，然礙於品種上的規範，「不是短毛種，就無法被認定為阿比西尼亞貓」，因此其長毛種遲遲未獲公認。直到一九六三年，加拿大的繁殖者讓長毛種參加貓咪秀之後，其美麗長毛成為大家關注的對象，並於此後開始人為培育，才讓索馬利貓獲得了品種認定。

也就是說，阿比西尼亞貓和索馬利貓，除了毛的長度之外，可以說幾乎是同一種貓咪[※]。

※ 品種鑑定時，阿比西尼亞貓必須父母也都是阿比西尼亞貓；而索馬利貓即使父母其中一方是阿比西尼亞貓，也可被鑑定為索馬利貓。

## 索馬利貓的誕生故事

阿比西尼亞貓
ブリーダー
長毛的孩子不是
阿比西尼亞貓
1963年
in 加拿大
ブリーダー
長毛的孩子也很可愛，
所以讓牠們參加
貓咪秀吧！
阿比西尼亞貓
ブリーダー
索馬利貓

長毛的是索馬利貓，短毛的是阿比西尼亞貓

聽說索馬利貓之名源自阿比西尼亞的鄰國「索馬利亞」。
如今牠們以「如狐狸般的貓」聞名，成為熱門品種之一。

## 形成複雜色彩的多層色

阿比西尼亞貓和索馬利貓，都擁有「多層色」（ticking）的被毛。其特徵是單根毛上有呈條紋狀的各種顏色，越到毛尾，顏色越深。不過整體看起來，並沒有顯眼的條紋花色。由於毛色錯綜複雜，所以被毛色澤會隨著光線強弱和身體動作而改變，看起來非常美麗。索馬利貓的被毛更長，因此往往會展現出更加複雜的色彩。

牠們的毛色有經典的紅褐色（接近黑色的褐色）、深紅色、帶米色的淺黃褐色，以及藍色等。

### 美麗的多層色

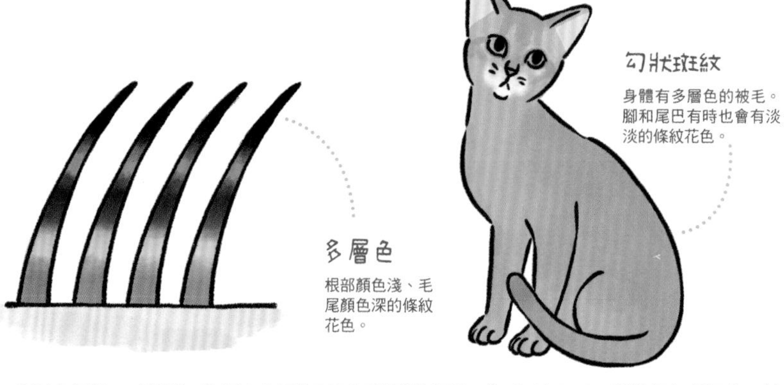
勾狀斑紋
身體有多層色的被毛。腳和尾巴有時也會有淡淡的條紋花色。
多層色
根部顏色淺、毛尾顏色深的條紋花色。

多層色源於 T（斑紋）基因中的阿比西尼亞貓型的顯性 $Ti^A$。阿比西尼亞貓的顏色種類中，其淺黃褐色和藍色，應是加入了一對隱性 B（黑）基因（$b^lb^l$），以及一對隱性D（稀釋）基因（dd）而產生。

性格・健康

## 叫聲如銀鈴般動人，實際上活力十足！

阿比西尼亞貓和索馬利貓都是非常活潑好動的貓咪。從牠們結實的身體和與生俱來的好奇心，想必不難看出牠們有多麼愛玩。在飼養環境上，最好是盡量有能讓牠們四處活動的空間。此外，也要盡可能為牠們設置貓塔等設施。

這種貓咪的特徵是活力十足，叫聲卻意外地小而可愛。「宛如銀鈴般動人」，說的就是牠們吧。加上牠們聰明又好管教，無論是新手、獨居或年長者，應該都很容易飼養。

不過，阿比西尼亞貓和索馬利貓稍微有點神經質，不太適合和多隻其他貓種一同飼養。許多孩子的性格是一旦親人後就非常愛撒嬌，所以專寵一貓或許也不錯。

話雖如此，也不能過於寵溺而給予牠們過量的食物。為了維持健康的柔美身形，還需特別注意肥胖問題。

此外，也有聽說牠們大多並不怕水。但也請留意，別在牠們玩起水來可能造成困擾的地方蓄水。泡澡完後如有剩下的水，也要記得要把浴缸蓋上蓋子，以防範未然。

短毛版的波斯貓

# 異國短毛貓

源自波斯貓的雜交種，有各式各樣的被毛花色。塌鼻和「穩重」的氣質遺傳自波斯貓，只是有一點「愛吃醋」!?

**尾巴** 粗而偏短，毛絨絨。會伸得筆直。

**身體** 中～大型，體型圓潤。

**被毛** 柔軟的雙層毛，底毛厚實。

| | | |
|---|---|---|
| 活動性<br>（精力旺盛程度） | | ★★☆☆☆ |
| 親人性<br>（喜歡飼主程度） | | ★★★★★ |
| 攻擊性<br>（凶悍程度） | | ☆☆☆☆☆ |
| 社交性 | （其他貓咪） | ★★★★★ |
| | （陌生人） | ★★★★☆ |

**頭部**

中等至偏大，圓而偏寬。

**耳朵**

小耳，尖端圓潤。兩耳距離遠。這也是源自於波斯貓。

**眼睛**

大而圓，兩眼距離稍遠。顏色大多是銅色，但依被毛而定，五花八門。

**口鼻**

特徵是短鼻和敞開的鼻腔。下顎大而結實。鼻子的顏色依被毛而定，五花八門。

**四肢**

骨骼壯碩。腳尖圓潤偏大。

**肉墊**

顏色依被毛的顏色而定，五花八門。

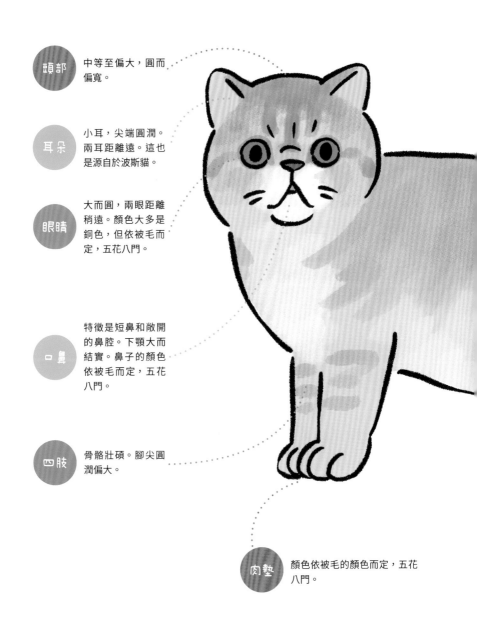

歷史

## 在全世界受人喜愛，十分討喜的塌鼻貓

異國短毛貓是相對較新的品種之一，於一九六〇年代正式開始培育。

據說在這個時期，波斯貓（P122）的配種工作相當盛行。異國短毛貓正是波斯貓和英國短毛貓（P116）、美國短毛貓（P74）、緬甸貓等交配後，從而固定下來的貓種。

牠們十分討喜的塌鼻和宛如彈珠的眼睛，神似其基因來源的波斯貓，但因為是短毛的關係，在外表打理上相對容易。

### 波斯貓和其他貓種交配而生

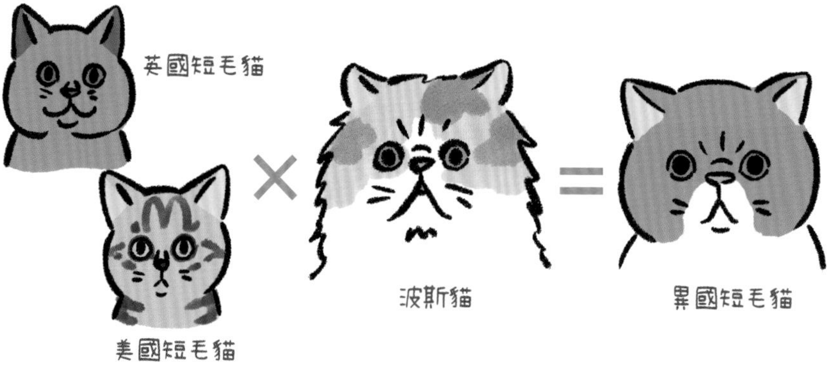


打從貓咪秀的黎明期至今，波斯貓始終深受歡迎。繁殖者試圖增加其美麗被毛的種類，因而積極進行波斯貓與其他品種的配種。

## 兩種塌鼻型態

傳統型

相較於極度型，眼睛和鼻子的距離遠，塌鼻的感覺淡。

極度型

眼睛和鼻子的距離較近，鼻子塌到不行的外觀。

依塌鼻的情況而定，能夠分成兩種。作為特徵的鼻子是軟骨骨質化發育異常（P91）所致。這種疾病雖然外觀可愛，但可能引發關節炎等。近來基於道德考量，在配種上大多採取不會極度引發軟骨骨質化發育異常的方式。

被毛

### 會靜靜地讓人照料

基於異種交配的歷史，異國短毛貓擁有各種毛色，像是單色、雙色、三花、虎斑（條紋）。偶爾也會生出長毛的貓咪，這是因為決定被毛長度的L（長度）基因中，出現了一對ll（隱性）[※]。

無論如何，其纖細、高密度的被毛相當蓬鬆。為了保持其美麗，梳毛這項工作是必不可少；不過也不用擔心，性格順從的異國短毛貓，會將全身放心地交給飼主。同樣地，在剪指甲和洗澡時，也不會有什麼太麻煩的地方。

※ 異國短毛貓之間，偶爾也會生出長毛的小貓，但視認定團體而定，有時會被登錄為長毛的異國短毛貓，有時則登錄為波斯貓，如今仍有含糊的部分。

## 無論和誰都能和睦相處，一起生活的友善貓咪

異國短毛貓在性格上，也繼承了波斯貓的特色。安靜且重感情的牠們，鮮少暴衝跑來跑去，所以異國短毛貓可說是最容易飼養的品種之一。在有孩子的家庭或一人獨居的情況也沒問題。此外，牠們的叫聲也小，也很適合在公寓飼養。

性格友善的牠們，能和其他貓咪和睦相處，但聽說也有稍微愛吃醋的一面。若被牠們發現最愛的飼主正疼愛其他貓咪，飼主或許就會感覺到有誰正直盯著自己。不過，這點反而令貓奴們愛得要命。

### 無論對人或貓都很友善，但也愛吃醋

愛吃醋

飼養多隻的情況下，若飼主的注意力轉向其他貓咪，牠們就會打翻醋罈子。

過度愛吃醋也可能引發身體不適或問題行為。輕咬、惡作劇、從遠處凝視等行為，或許就是牠們吃醋的訊號。

異國短毛貓的的運動量並不算大，但是愛吃且易胖，所以要記得用逗貓棒之類的玩具跟牠們玩。牠們不擅長到高處，所以也必須放置矮的貓塔等，替牠們打造能讓心情平靜下來的地方。

此外，由於異國短毛貓的「塌鼻」特徵，往往也會形成鼻淚管阻塞（眼淚的出口變窄）。因此，經常會導致牠們的眼淚從眼眶溢出，使得眼屎變多，或者眼睛周圍出現發炎等症狀。

飼養牠們時，還請每天仔細觀察其眼睛和鼻子周圍有無異常，留心照料，才能讓牠們常保健康。

## 要注意特有的疾病！

眼睛的疾病
平常觀察眼睛有無異常。
眼睛的保養
眼睛是很敏感的地方。如果注意到有眼屎，就以溼紗布或清潔用品，輕輕擦掉。

除了鼻淚管阻塞，塌鼻貓咪的常見疾病還有「短吻呼吸道症候群」。這是一種因鼻子的呼吸道窄，使呼吸變得困難的先天性疾病。為牠們打造安靜涼爽的環境，有助於預防變成重症。

顏色只出現在臉部、
尾巴和腳尖上

# 暹羅貓

受基因影響，被毛顏色可能依季節而改變。
長久以來在世界各地受人喜愛，
是有著「傲嬌氣質」的可愛貓咪。

**尾巴** 相對於身體，尾巴非常長，根部細。

**身體** 骨感而偏長。被毛雖短卻濃密生長，觸感絲滑。

| | | |
|---|---|---|
| 活動性（精力旺盛程度） | | ★★★★★ |
| 親人性（喜歡飼主程度） | | ★★★★★ |
| 攻擊性（凶悍程度） | | ★★★☆☆ |
| 社交性 | （其他貓咪） | ★★☆☆☆ |
| | （陌生人） | ★★☆☆☆ |

耳朵

根部很寬，呈三角形，非常大。

眼睛

杏仁形，偏大。顏色是藍寶石藍。

寬的鼻尖和下巴尖端連成一直線。鼻子的顏色是黑色和黑褐色。

四肢

肌肉發達、結實。後腿較長。

小巧的橢圓形。顏色會和毛的有色部分相同，或呈粉紅色。

被毛

身體的末端帶有顏色，主要是黑色、藍色、巧克力色、紫丁香色[※]。

※ 顏色種類中的巧克力色和紫丁香色是變異型的 B（黑）基因所致。隱性 B 基因有 b 和 $b^l$ 這兩種，若是 bb 或 $bb^l$，顏色就會變成稍淡的巧克力色；若是 $b^lb^l$，就會變成顏色更淡的紫丁香色。

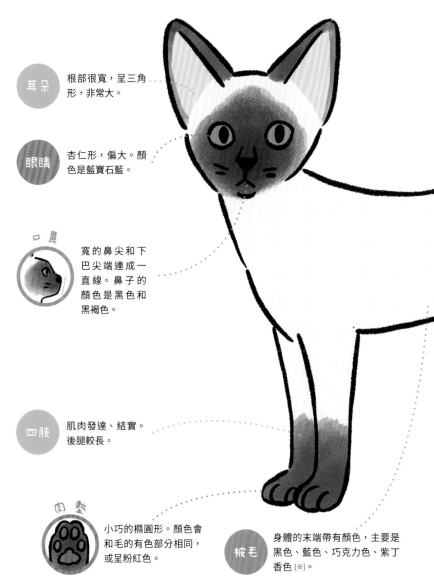

歷史

## 在全世界持續受到喜愛，高貴且高雅的貓咪

暹羅貓是歷史悠久的品種之一，據說自從五百多年前，就在泰國的皇宮裡深受喜愛。一直到十九世紀後期，牠們才在歐洲為人所知，邁入二十世紀後人氣爆棚。在日本也自一九五〇年代起流行，作為代表性的純種貓開始普及。

牠們的體格骨感柔美。據說原本體型圓潤，但在繁殖的過程中，逐漸變成了現代的身影。看到牠們絲滑的被毛、藍寶石藍的眼睛，以及高雅的身影，也就不難明白牠們為何長期受到喜愛。

### 在泰國皇宮受喜愛至今的貓咪

暹羅貓英文為「Siamese」，在日本則被稱為「シャム」（Siam），該稱呼源自 1939 年之前的泰國國名「暹」。

被毛

## 身體末端之所以有深色，源於C基因的變異

說起暹羅貓，牠們的最大特徵，就是鼻子和四肢末端的深色被毛，被稱為「暹邏重點色」。

這是抑制色素顯現的隱性C（顏色）基因（$C^S$）所致。這種被毛會在溫度低的地方，顏色變深；在溫度高的地方，顏色變淡。也因此，體溫較低的鼻尖和腳尖呈現出深色。這也難怪有些人會說，暹羅貓的顏色會依季節而改變。

此外，牠們在幼貓時期白毛較多，隨著長成成貓，顏色也會漸漸變深。

## 注意特有的疾病！

寒冷的地方
溫暖的地方
有顏色的理由
身體的末端因為體表溫度低，所以色素顯現。毛色變深。
臉部的毛色因溫度而改變

C 基因如果是 C-（顯性），全身會均勻地呈現顏色，但若是擁有一對隱性的 $c^S$，合成色素就會受到妨礙，形成重點色。隱性 C 基因共有四種（P107）。

性格・健康

## 想要獨占飼主，任性的撒嬌鬼

或許是因為出身高貴，暹羅貓在性格顯得有些難搞。實際上，牠們有一點任性，但許多也都是十分親人的撒嬌鬼。非常愛玩，卻也喜愛悠閒獨處。總之，或許可以說牠們就是傲嬌，是非常符合傳統既定印象的那種貓咪。

考慮到牠們重感情卻又任性，最好能有一個可讓牠們和飼主關係親密的飼育環境。特別適合單身者和沒有孩子的家庭。如果同時和多隻其他品種一起飼養，或有幼童的情況下，牠們或許就會忐忑不安。

## 害怕熱鬧

性格
不擅長獨自看家。適合能和飼主更顯親密的環境。

許多孩子喜歡和飼主有身體接觸，會坐在飼主大腿上，或者將身體靠過來。

暹羅貓擁有柔韌的肌肉，敏捷性出眾，最愛爬上高處。最好為牠打造許多玩耍的地方，像是支柱式貓塔和貓跳臺等。

暹羅貓也以愛叫聞名，不過近來似乎透過品種改良，不太叫的孩子也越來越多。即使是相同貓種，每隻貓也都有不同的個性，所以還請摸清孩子的特性之後，替牠準備適合的環境。

此外，由於暹羅貓源自於炎熱的國家，是非常怕冷的品種。冬季要善用空調和電熱毯等，細心管理溫度和溼度。

## 充分採取抗寒對策

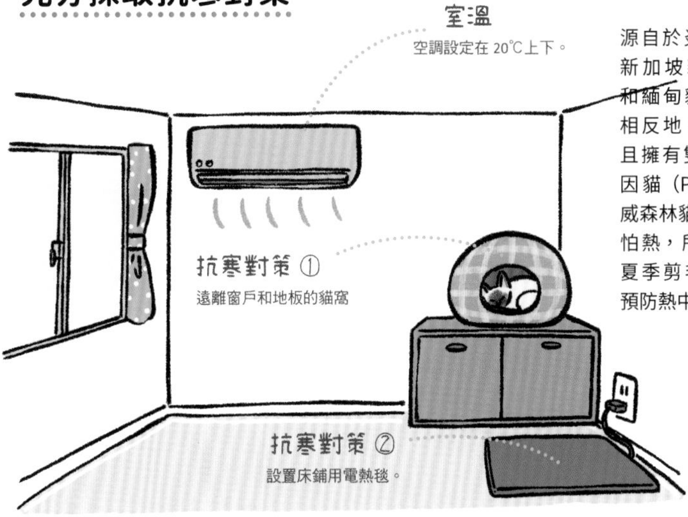
室溫
空調設定在 20℃上下。
抗寒對策 ①
遠離窗戶和地板的貓窩
抗寒對策 ②
設置床鋪用電熱毯。

源自於炎熱國家的新加坡貓（P152）和緬甸貓也怕冷。相反地，北國出身且擁有雙層毛的緬因貓（P110）和挪威森林貓（P92）則怕熱，所以要透過夏季剪毛等方式，預防熱中暑。

僅手掌大小的
世界最小貓咪

# 新加坡貓

妖精般的嬌小體型，是世界最小等級。然而「調皮」且「好奇心旺盛」的性格，讓牠們有著極大的存在感。

尾巴
修長纖細。相對於身體，尾巴偏短。
身體
小歸小，但是肌肉結實。
被毛
多層色（單根毛有多色的條紋花色，P138）的被毛光滑。

| | | |
|---|---|---|
| 活動性（精力旺盛程度） | | ★★★★★ |
| 親人性（喜歡飼主程度） | | ★★★★★ |
| 攻擊性（凶悍程度） | | ★★☆☆☆ |
| 社交性 | （其他貓咪） | ★★☆☆☆ |
| | （陌生人） | ★☆☆☆☆ |

耳朵

又大又深的杯子形。

眼睛

杏仁形大眼。眼線清晰。眼睛顏色為綠色、金色、黃色等。

口鼻

偏短而寬的口鼻，下顎發達。鼻子的顏色從粉紅色至棕色。也有貓咪是粉紅色，邊緣稍帶棕色。

四肢

雖然細，但肌肉發達，有份量。腳尖小，呈雞蛋形。

肉墊

顏色為稍帶粉紅色的茶褐色。

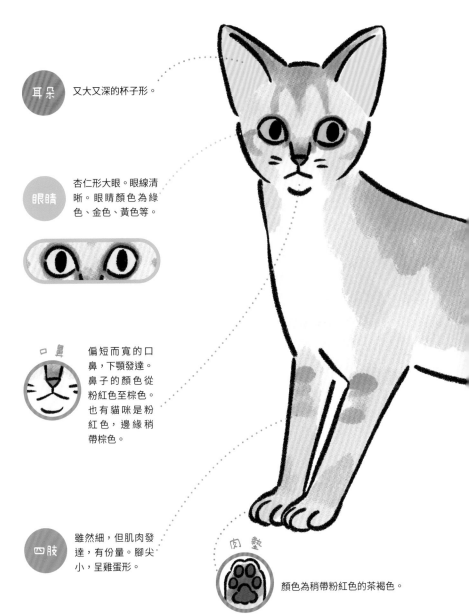

歷史

## 世界最小的純種貓

新加坡貓是世界最小的純種貓。顧名思義，牠們源自於新加坡。

一九七五年，這些原本生活在下水道等處的小型野貓，被人跨海帶到了美國。一直到二十世紀八〇年代之後，牠們才被認定為一個品種。不難想像，這些小到能放在雙手手掌上的可愛小貓，是如何在轉眼之間為廣為人知。雖然是較近期才被認定的品種，但是一般認為，牠們從三百多年前就已經存在了。

### 小到一手掌握，但是……

外觀小隻，但是體重偏重。肌肉結實健壯，脖子粗而短。

| | 參考體重 | 本書中出現的純種貓 |
|---|---|---|
| 小型 | ～3kg | 新加坡貓 |
| 中型 | 3kg ～ 5kg | 美國短毛貓<br>俄羅斯藍貓<br>蘇格蘭摺耳貓<br>曼赤肯貓<br>波斯貓<br>孟加拉貓<br>阿比西尼亞貓＆索馬利貓<br>異國短毛貓<br>暹羅貓 |
| 大型 | 5kg ～ | 挪威森林貓<br>布偶貓<br>緬因貓<br>英國短毛貓 |

## 決定臉部給人印象的大眼睛

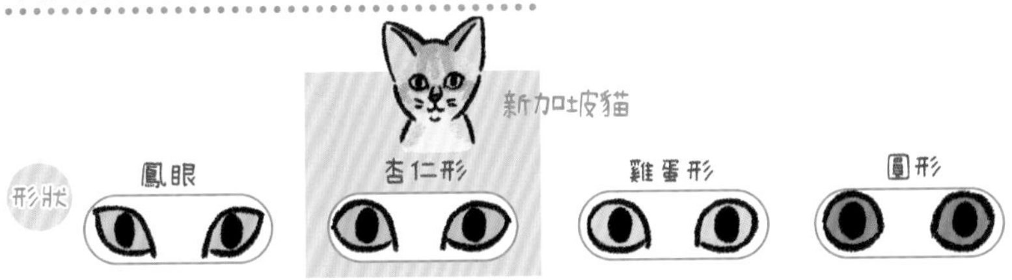


眼睛形狀依品種而異。新加坡貓是杏仁形。

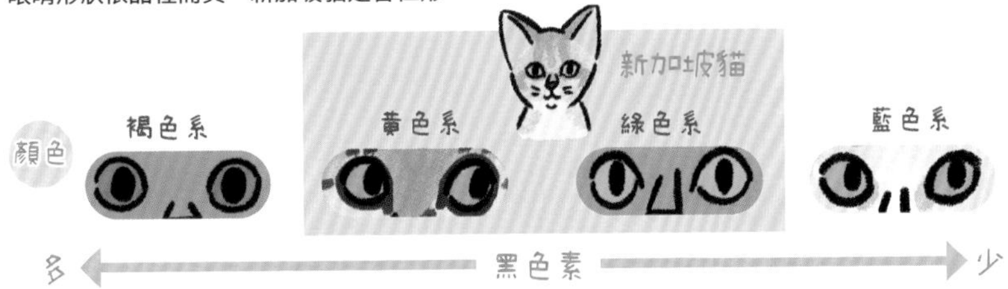


眼睛的顏色取決於虹膜的黑色素含量。新加坡貓依個體而定，呈現黃色～黃綠色。也有些品種的眼睛顏色是固定的，像俄羅斯藍貓等。此外，虹膜在出生後會漸漸累積黑色素，所以貓咪的眼睛顏色，有時會在成長過程中有所改變。

被毛

### 被毛顏色取決於T基因和變異型的C基因

新加坡貓的被毛會依光線角度而改變顏色，有時顯得閃閃發光，很符合牠們「小妖精」的暱稱。這種光澤感，源自牠們單根毛上呈現多色條紋的多層色（P138）。其品種的唯一標準色為深褐野鼠色，以溫潤的舊象牙色為底色，搭配上棕色的多層色被毛，為其特徵。

新加坡貓的多層色是T（斑紋）基因的阿比西尼亞貓型 $Ti^A$（顯性）所致，而腳尖至腹部、下顎下方呈白色，則是C（顏色）基因的緬甸貓型 $c^b$（隱性）所致（P107）。

性格・健康

## 好奇心旺盛且活潑，一定會跟飼主玩躲貓貓

新加坡貓是非常重感情的貓咪。牠們高度信賴飼主且性格溫和，因此不論是在哪種家庭結構中，都很容易飼養。

牠們愛撒嬌、喜歡惡作劇且相當活潑，需要的運動量大，所以必須設置貓塔等。儘管活力充沛，但牠們叫聲不大，經常都是安安靜靜的，所以也適合在公寓等集合住宅裡飼量。

由於牠們體型嬌小，有時在家中會四處遍尋不著牠們的身影。若是家裡視線死角較多，尋找牠們時會很吃力。據說牠們之

### 每天都在躲貓貓?!

最愛高處！
除了家具上面之外，也時常站在飼主的肩膀。
死角
牠們的體型小，所以容易躲在家具的縫隙。

體重輕的小型貓，體型呈圓潤的半短身型（P109）。

所以在新加坡這麼長時間沒被發現，就是因為牠們擅長躲藏，而且動作敏捷，難以捕捉。

儘管新加坡貓看起來總是如此精力充沛，但牠們也有著神經質的一面。和多隻其他品種一起飼養，或者和陌生人互動，都會成為牠們的壓力來源。最好在人員進出不太頻繁的環境裡飼養。

新加坡貓的食量似乎都不大，畢竟牠們體型較小，所以還是要留意進食量，不要讓牠們飲食過量。

此外，新加坡貓來自全年氣候溫暖的新加坡，所以非常害怕寒冷和乾燥。在冬季嚴寒的日子裡，要注意室溫管理。

## 進食量按照體型大小決定

新加坡貓
棕虎斑貓

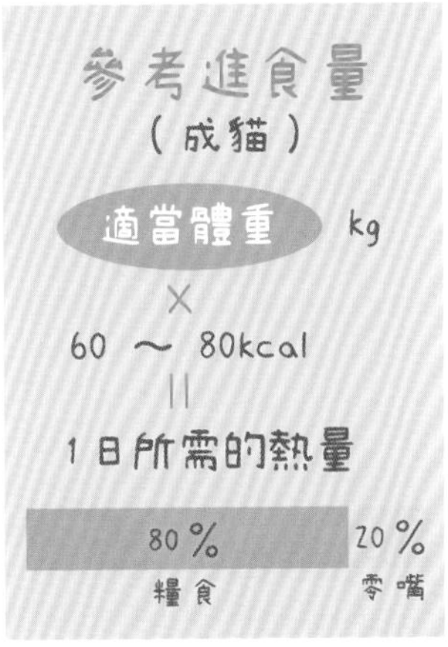
參考進食量
（成貓）
適當體重 kg
×
60 ～ 80kcal
＝
1日所需的熱量
80％ 糧食
20％ 零嘴

進食量要參考體重決定，活動力強的貓咪要餵得多一點。如果變胖，就要換成低熱量和高蛋白質的糧食。

還有許多其他的

# 貓咪毛色基因

除了前面介紹的毛色之外，
貓咪們還有許多特色十足的毛色。

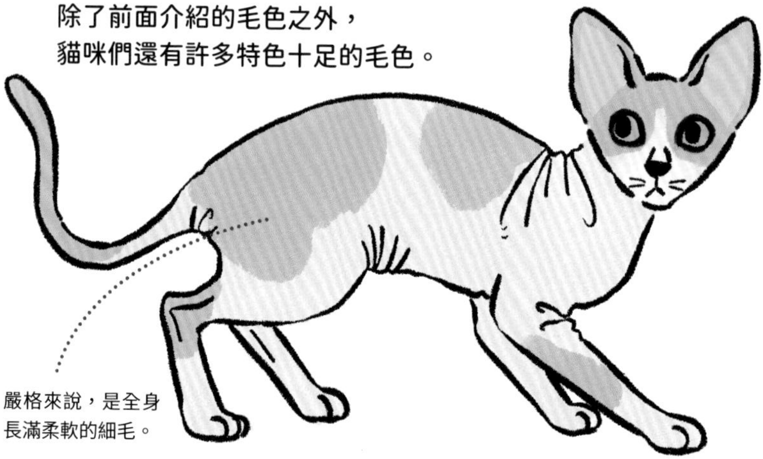


## 無毛貓

### 也是有能產生無毛貓的基因。

目前包括未註冊的品種在內，約有十種無毛貓。其中以斯芬克斯貓最為有名，牠們在一九六〇年代，因突變而誕生。

與無毛特徵相關的H（無毛）基因中，斯芬克斯貓的屬於隱性遺傳（擁有一對hr）；而原產於俄羅斯、與斯芬克斯貓很相似的頓斯科伊貓，其無毛特徵則是別的基因導致，雖看似相同，基因上仍有差異。

另外，無毛貓的肌膚也可能出現斑紋花色。如果會長毛的話，其毛色就會直接形成該種花色。

## 螢火蟲尾

### 只有尾巴的尾端、腳尖和鼻尖變白，真是不可思議。

筆燈尾、蠟燭尾、螢火蟲尾，它們都是用來形容貓咪的尾巴僅尾端呈現出白色的情況。

我們經常能看到身體花色中不帶白色，只有尾巴、四肢、鼻尖等的全身尾端部分變成白色或淡色的個體。

關於此現象，遺傳學上尚未釐清原因，但有學者認為，或許是從受精卵成長為胚胎的過程中，顏色出現方式造成的影響。

這點目前仍處於假設的範圍，後續的研究進展令人期待。

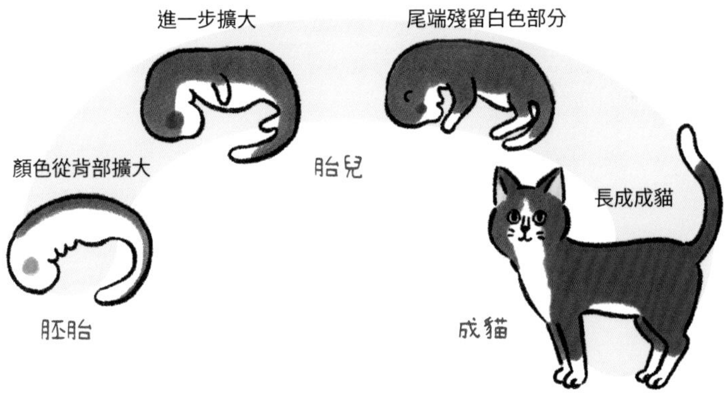
進一步擴大
尾端殘留白色部分
顏色從背部擴大
胎兒
長成成貓
胚胎
成貓

毛色基因決定顏色，但其顏色的分布會受到胚胎成形（分裂的受精卵）的過程影響。在胚胎這個時間點，身體綣縮，鼻子、四肢的尾端、尾巴的尾端等處比較接近。若是那裡的毛色一開始時就呈白毛，長為成貓時，就會變得只有尾端帶有白毛。一般而言，日文裡會形容「貓咪的花色就像是背部淋上了醬汁一樣」，可以說兩者機制相仿。

# 捲毛

**即使同樣有著捲曲的被毛，造成捲曲的基因也各有不同。**

你會發現有些貓咪擁有捲毛。牠們源自於海外，因突變而誕生。就品種而言，柯尼斯捲毛貓、德文捲毛貓、塞爾凱克捲毛貓等，都很有名。最近也常能聽到拉邦貓這個比較新的品種。

牠們雖然都有看似相同的捲毛，但各自每個品種形成捲毛的基因不盡相同，捲度大小也有各種變化。當然，牠們的臉部特徵也依血統來源而定，五花八門。但無論如何，每一隻都有著自己的特色。

嵌合體的情況下，同
時具有某基因的顯性
和隱性雙方的特徵，
一般會出現意想不到
的花色。

# 雙面貓

**有著不可思議的魅力，令人想要一窺貓容。**

所謂的雙面貓，指的是臉部左右兩側毛色不同的貓咪。這是種罕見的花色，因此一旦被發現，就會成為話題。其實在基因上，牠們和雙色貓別無二致。

只要談論到雙面貓，幾乎一定會聽到「嵌合體」（奇美拉現象）一詞。這是指一個身體有著兩種不同的基因型，不過這在基因上不太可能成立。人們平常所說的嵌合體貓咪，實際上是一種染色體異常，和雙面貓是截然不同的案例。

# 貓咪性格的研究現況

## 貓咪的性格要如何調查？

如今，京都大學 CAMP-NYAN（Companion Animal Mind Project）正在對日本貓**（混種貓）的飼主進行問卷調查，由研究人員進行行為測驗，並將相關成果加以分析，藉此研究貓咪的性格。**

飼主主觀回答的問卷調查，其標準因人而異。遲遲無法取得客觀的數據，因此常被認為不科學，但是樣本數量越多，就能取得越穩定的數據。

因此，CAMP-NYAN 非常仰賴飼主們持續協助。

所謂行為測驗，是觀察貓咪在某種環境下，會有哪種反應。舉例來說，可以在空無一人的房間裡，鋪設玩具電車（Plarail）軌道，接著啟動玩具電車，藉此來觀察貓咪們的反應。有的貓咪會深感興趣地伸手碰碰，也有的貓咪完全不感興趣。當然，也是有貓咪會怕得縮在房間角落，一動也不動。

問卷調查基於主觀，行為測驗則基於客觀。透過取得以上兩方面的數據，讓我們得以推論貓咪可能具有的性格。

收集到越多問卷調查和行為測驗的樣本，就能從中發現越清晰的傾向，從而能進行足夠科學的評判。

## 爲了貓咪的未來，敬請協助研究！

為了更加接近正確的研究結果，CAMP-NYAN需要更多行為問卷調查及基因樣本。

基因樣本是透過刮取貓咪口腔內側的方式，進行採集。你只需要以規定的採集組（棉花棒），刮取貓咪的口腔內側即可。

這些細胞中的「基因」會被用於貓咪的性格相關研究中。儘管市售的基因檢測組，能檢測出六萬處貓咪的基因組，已是天文數字；然而，狗狗的市售基因檢測組，已能檢測出二十萬處的基因組了。

收集更多基因樣本對研究發展至關重要。

## 基因和性格的關係

首先，「性格」是什麼呢？

性格是指，該個體特有的性質、行為和模式。一般認為，**生物的性格是由基因要素和環境要素共同打造**。如果生長的環境不同，即使是相同貓咪，也可能演變出截然不同的性格，這一點無法否定。

無論是人還是貓咪，**在成長的過程中，學習如何與外界相處和應對的時期，稱為「社會化期」，此期間的環境會對性格的形成，造成莫大影響**。據說貓咪的社會化期為出生後的三到七週，此時期母貓是否待在幼貓身旁、人的飼養方法如何，比起爾後的生活環境，影響更大。

其次，也要從基因要素的層面來思考。

**性格的形成，也和催產素、血清素、多巴胺等神經傳導物質有關**。大腦裡有釋放或接收這些神經傳導物質的器官，然而受體的構造、以及這些物質的釋出量多寡，都會受到基因的影響。也就是說，基因應該會對神經傳導物質的作用造成影響，進而左右性格。

CAMP-NYAN的行為測驗也顯示出，貓咪的行為往往有兩極分化的傾向[※]，也就從「這樣明顯兩極分化的行為，是否與基因有關」這樣的問題，展開了研究。

※在進行行為檢測時，結果顯示，貓咪是否會用頭磨蹭對方這點，在樣本數量上出現了明顯的兩極分化現象。

此外，影響毛色的黑色素是和多巴胺有關的色素，所以對於性格的形成，或許毛色多多少少會造成影響。

話雖如此，我們目前仍處在初步調查的階段，還沒進入到明確的科學研究。但也確實有發現，很多人會因為某些印象，而將貓咪的花色與個性連結起來，像是「橘虎斑貓很愛撒嬌」、「黑貓很聰明」等。

畢竟，貓咪的基因研究，也不過才走到半路。在研究進展的過程中，毛色和性格之間的傾向，或許會逐漸釐清。

我們也期待，從今往後，貓咪的神祕謎團能陸續解開。

## 預想未來的基因研究進展

如今，人類世界存在「個人化醫療」。誠如字面上的意思，它是提供專為各個患者量身訂製的醫療模式。近年來，透過調查基因，逐漸能知道個人容易罹患的疾病，以及適合的藥物等，因此能夠進行最佳的治療。

貓咪也是一樣，如果事先知道其基因疾病的傾向，就能對症下藥治療。隨著研究的進展，將來我們或許也能夠按照貓咪的基因，為牠們提供更好的醫療模式。

貓咪本來是單獨行動的生物，因此很能忍受疼痛。畢竟在自然界中，如果被掠食者發現自己很虛弱，那可就完蛋了，所以牠們進化成不太會顯露痛苦的模樣。正因如此，當牠們身上許多疾病症狀顯露之時，那都已經惡化到晚期的程度。這是目前貓咪臨床醫療上的常識。

如果**基因研究有所進展，能知道貓咪身上的健康風險，就能採取預防疾病等對策**。如此一來，貓咪們應該就能在沒有痛苦情況下，好好過完一生。

也就是說，**基因研究正揹負著改善貓咪QOL（生活品質）的使命**。貓咪的QOL亦和飼主的QOL直接相關，所以研究的進展令人期待。

## 是否能透過基因，知道彼此合不合得來？

最後，還有一件令人在意的事。是否能夠透過基因，確認貓咪和貓咪，或者貓咪和人之間，是否合得來呢？

就 CAMP-NYAN 的觀點，**目前連人與人之間是否合得來，都無法透過基因得知，因此八成是沒辦法**。

不過，據說也有少數某些單位，正在進行這類的研究。或許未來會有一天，我們能在基因層面上有所突破，和合得來的貓咪成為一家人。

# 我的愛貓觀察筆記

bon temps 059

# 原來貓咪的花色藏著性格悄悄話？

## 貓的行爲遺傳學，讓你更懂貓的心

猫は毛色と模様で性格がわかる？


監　　修　荒堀實、村山美穗
譯　　者　張智淵
總 編 輯　曹慧
副總編輯　邱昌昊
責任編輯　邱昌昊
封面設計　職日設計
內文設計　Pluto Design
行銷企畫　黃馨慧、林芳如

**日文原版編輯團隊**
企畫・編輯協力　micro fish ／酒井ゆう＋北村佳菜
插畫　ホリナルミ
文字　齊藤ユカ
監修協力　都築茉奈
排版　micro fish ／平林亞紀＋大曾根晶子
發行　澤井聖一

出　　版　奇光出版／遠足文化事業股份有限公司
E-MAIL：lumieres@bookrep.com.tw
粉絲團：facebook.com/lumierespublishing
發　　行　遠足文化事業股份有限公司（讀書共和國出版集團）
www.bookrep.com.tw
231 新北市新店區民權路 108-2 號 9 樓
電話：（02）2218-1417
郵撥帳號：19504465　戶名：遠足文化事業股份有限公司
法律顧問　華洋法律事務所　蘇文生律師
印　　製　通南彩色印刷股份有限公司
定　　價　380 元
初版一刷　2024 年 12 月
ＩＳＢＮ　978-626-7221-83-9 書號：1LBT0059

國家圖書館出版品預行編目 (CIP) 資料

原來貓咪的花色藏著性格悄悄話？：貓的行爲遺傳學，讓你更懂貓的心／荒堀實、村山美穗監修；張智淵譯 . -- 初版 . -- 新北市：奇光出版，遠足文化事業股份有限公司，2024.12
面；　公分 . --（bon temps；59）
譯自：猫は毛色と模様で性格がわかる？
ISBN 978-626-7221-83-9（平裝）

1.CST: 貓 2.CST: 寵物飼養 3.CST: 動物遺傳學 4.CST: 動物行爲
437.364　　113015893

# 《原來貓咪的花色藏著性格悄悄話？》購書特典

親愛的讀者，非常謝謝您對本書的支持！會拿起本書，想必不只希望走近毛孩的心，也一定希望隨時隨地提供牠們最好的照顧！隨書附贈「寵物緊急連絡卡」，希望能幫助您在需要的時候，確保愛寵們得到及時、妥善的照顧。在此祝福您與愛寵健康快樂，享受每一刻的幸福相伴時光！

## 我的毛孩需要您的幫忙

**若我處於緊急狀況(生病、受傷、昏迷等)，請幫我通知卡片後面的聯絡人，他（她）會幫助我照顧家裡的毛小孩，謝謝您！**

我是＿＿＿＿＿＿，我有＿＿＿貓＿＿＿狗及其他＿＿＿＿＿＿，共＿＿＿隻，請通知以下聯絡人，為我照顧他們：

①姓名 ＿＿＿＿＿＿ 電話 ＿＿＿＿＿＿

②姓名 ＿＿＿＿＿＿ 電話 ＿＿＿＿＿＿

③姓名 ＿＿＿＿＿＿ 電話 ＿＿＿＿＿＿

購書特典「寵物緊急連絡卡」
（詳細請見背面）